Wissenschaftliche Reihe Fahrzeugtechnik Universität Stuttgart

Reihe herausgegeben von

Michael Bargende, Stuttgart, Deutschland

Hans-Christian Reuss, Stuttgart, Deutschland

Jochen Wiedemann, Stuttgart, Deutschland

Das Institut für Fahrzeugtechnik Stuttgart (IFS) an der Universität Stuttgart erforscht, entwickelt, appliziert und erprobt, in enger Zusammenarbeit mit der Industrie, Elemente bzw. Technologien aus dem Bereich moderner Fahrzeugkonzepte. Das Institut gliedert sich in die drei Bereiche Kraftfahrwesen, Fahrzeugantriebe und Kraftfahrzeug-Mechatronik. Aufgabe dieser Bereiche ist die Ausarbeitung des Themengebietes im Prüfstandsbetrieb, in Theorie und Simulation. Schwerpunkte des Kraftfahrwesens sind hierbei die Aerodynamik, Akustik (NVH), Fahrdynamik und Fahrermodellierung, Leichtbau, Sicherheit, Kraftübertragung sowie Energie und Thermomanagement – auch in Verbindung mit hybriden und batterieelektrischen Fahrzeugkonzepten. Der Bereich Fahrzeugantriebe widmet sich den Themen Brennverfahrensentwicklung einschließlich Regelungs- und Steuerungskonzeptionen bei zugleich minimierten Emissionen, komplexe Abgasnachbehandlung, Aufladesysteme und -strategien, Hybridsysteme und Betriebsstrategien sowie mechanisch-akustischen Fragestellungen. Themen der Kraftfahrzeug-Mechatronik sind die Antriebsstrangregelung/Hybride, Elektromobilität, Bordnetz und Energiemanagement, Funktions- und Softwareentwicklung sowie Test und Diagnose. Die Erfüllung dieser Aufgaben wird prüfstandsseitig neben vielem anderen unterstützt durch 19 Motorenprüfstände, zwei Rollenprüfstände, einen 1:1-Fahrsimulator, einen Antriebsstrangprüfstand, einen Thermowindkanal sowie einen 1:1-Aeroakustikwindkanal. Die wissenschaftliche Reihe „Fahrzeugtechnik Universität Stuttgart“ präsentiert über die am Institut entstandenen Promotionen die hervorragenden Arbeitsergebnisse der Forschungstätigkeiten am IFS.

Reihe herausgegeben von

Prof. Dr.-Ing. Michael Bargende
Lehrstuhl Fahrzeugantriebe
Institut für Fahrzeugtechnik Stuttgart
Universität Stuttgart
Stuttgart, Deutschland

Prof. Dr.-Ing. Hans-Christian Reuss
Lehrstuhl Kraftfahrzeugmechatronik
Institut für Fahrzeugtechnik Stuttgart
Universität Stuttgart
Stuttgart, Deutschland

Prof. Dr.-Ing. Jochen Wiedemann
Lehrstuhl Kraftfahrwesen
Institut für Fahrzeugtechnik Stuttgart
Universität Stuttgart
Stuttgart, Deutschland

Dennis Niedballa

Proaktive Fehlertoleranz in verteilten Echtzeitsystemen mit dynamischer Ressourcen-Reallokation

Springer Vieweg

Dennis Niedballa
IVK, Fakultät 7, Lehrstuhl für
Kraftfahrzeugmechatronik
Universität Stuttgart
Stuttgart, Deutschland

Zugl.: Dissertation Universität Stuttgart, 2025
D93

ISSN 2567-0042 ISSN 2567-0352 (electronic)
Wissenschaftliche Reihe Fahrzeugtechnik Universität Stuttgart
ISBN 978-3-658-48789-8 ISBN 978-3-658-48790-4 (eBook)
https://doi.org/10.1007/978-3-658-48790-4

Die Deutsche Nationalbibliothek verzeichnet diese Publikation in der Deutschen Nationalbibliografie; detaillierte bibliografische Daten sind im Internet über https://portal.dnb.de abrufbar.

Planung/Lektorat: Friederike Lierheimer
Springer Vieweg ist ein Imprint der eingetragenen Gesellschaft Springer Fachmedien Wiesbaden GmbH und ist ein Teil von Springer Nature.
Die Anschrift der Gesellschaft ist: Abraham-Lincoln-Str. 46, 65189 Wiesbaden, Germany

Vorwort

Die vorliegende Arbeit entstand während meiner Tätigkeit als wissenschaftlicher Mitarbeiter am Institut für Fahrzeugtechnik Stuttgart (IFS) der Universität Stuttgart. Mein besonderer Dank gilt Herrn Prof. Dr.-Ing. H.-C. Reuss, dem Leiter des Lehrstuhls Kraftfahrzeugmechatronik am IFS, für das Ermöglichen dieser Promotion und das mir entgegengebrachte Vertrauen. Herrn Prof. Dr.-Ing. M. M. Resch, dem Leiter des Instituts für Höchstleistungsrechnen (IHR) der Universität Stuttgart, danke ich für die freundliche Bereitschaft, den Mitbericht zu übernehmen.

Grundlage dieser Arbeit ist die mehrjährige Forschung im Bereich der fehlertoleranten elektrischen und elektronischen Architekturen (E/E-Architekturen), die im Rahmen mehrerer Projekte unter Förderung des Bundesministeriums für Bildung und Forschung (BMBF) durchgeführt wurde. Mein Dank gilt an dieser Stelle Dr.-Ing. Dan Greiner für die stets freundliche und kompetente Projektleitung sowie den gewährten Freiraum, der diese Arbeit ermöglichte.

Großer Dank gilt meinen Kolleginnen und Kollegen, insbesondere Dorsa Zaheri und Jonas Maier, für die kollegiale Zusammenarbeit. Ebenso danke ich allen Freunden und Kollegen, die mich durch die Korrektur dieser Arbeit unterstützt haben. Außerdem bedanke ich mich bei den Studentinnen und Studenten, die im Rahmen zahlreicher Abschlussarbeiten meine Forschung unterstützt und vorangetrieben haben. Ihnen wünsche ich weiterhin viel Erfolg auf ihrem beruflichen und privaten Lebensweg.

Zuletzt danke ich meiner Familie. Meinen Eltern Alfred und Elisabeth danke ich für die Ermöglichung meines Studiums und ihren bedingungslosen Rückhalt in jeder Lebenslage. Der größte Dank gilt meiner Frau Sonia und meinen Kindern Tim und Anna, die mich geduldig durch gute und schwierige Phasen begleitet haben und den eigentlichen Gewinn meines Lebens ausmachen.

Leinfelden-Echterdingen Dennis Niedballa

Inhaltsverzeichnis

Abbildungsverzeichnis

Tabellenverzeichnis

Codeverzeichnis

Algorithmenverzeichnis

Abkürzungsverzeichnis

ABS	Antiblockiersystem
AC	Autonomic Computing
ADAS	Advanced Driver-Assistance System
AE	Automotive Ethernet
AFDX	Avionics Full-Duplex Switched Ethernet
ARAMiS	Automotive Railway Avionics Multicore Systems
ARQ	Automatische Wiederholungsanforderung (engl. *Automatic Repeat reQuest*)
ASIL	Automotive Safety Integrity Level
ASOA	Automotive Service Oriented Architecture
AutoKonf	Automatische rekonfigurierbare Aktorikansteuerungen für ausfallsichere automatisierte Fahrfunktionen
AUTOSAR	Automotive Open System Architecture
BMBF	Bundesministerium für Bildung und Forschung
CAN	Controller Area Network
CPU	Prozessor (engl. *Central Processing Unit*)
CRC	Cyclic Redundancy Check
DC	Diagnoseabdeckung (engl. *Diagnostic Coverage*)
DCC	Duplex Control Computer
DDS	Data Distribution Service
DMR	Dual Modular Redundancy
DRAM	Dynamic Random Access Memory
DVFS	Dynamic Voltage and Frequency Scaling
E/E-Architektur	Elektrische und elektronische Architektur
ECC	Fehlerkorrekturcode (engl. *Error Correction Code*)
ECU	Electronic Control Unit

EDC	Fehlererkennungscode (engl. *Error Detection Code*)
EMS	Event Monitoring Service
ERPS	Ethernet Ring Protection Switching
EX	Ausführungseinheit (engl. *EXecution unit*)
FDTI	Fehlerdetektionszeit (engl. *Fault Detection Time Interval*)
FEC	Vorwärtsfehlerkorrektur (engl. *Forward Error Correction*)
FHTI	Fehlerbehandlungszeit (engl. *Fault Handling Time Interval*)
FIFO	First In – First Out
FMC	Fehlermoden-Abdeckung (engl. *Failure Mode Coverage*)
FRER	Frame Replication and Elimination for Reliability
FRTI	Fehlerreaktionszeit (engl. *Fault Reaction Time Interval*)
FTMAS	Fehlertolerantes Multiagentensystem
FTTI	Fehlertoleranzzeit (engl. *Fault Tolerant Time Interval*)
FuSi	Funktionale Sicherheit
HPC	Hochleistungsrechnen (engl. *High Performance Computing*)
HSR	High-Availability Seamless Redundancy
HW	Hardware
I/O	Input/Output
I/O-Knoten	Input/Output-Knoten
IEC	Internationale Elektrotechnische Kommission (engl. *International Electrotechnical Commission*)
IFS	Institut für Fahrzeugtechnik Stuttgart
IHR	Institut für Höchstleistungsrechnen
IOC	Endstufe (engl. *Input/Output Component*)
IP	Internet Protocol
IPF	Information Processing Factory
ISO	Internationale Organisation für Normung (engl. *International Organization for Standardization*)
IT	Informationstechnologie
LIN	Local Interconnect Network
LKW	Lastkraftwagen

MAC	Media Access Code/Controller
MAS	Multiagentensystem
MCA	Machine Check Architecture
MCE	Machine Check Exception
MCU	Mikrocontroller (engl. *Microcontroller Unit*)
MDC	Multidomänencontroller (engl. *Multi-Domain Controller*)
MMI	Mensch-Maschine-Interface
MPR	Automatische Deaktivierung von Speicherseiten (engl. *automatic Memory Page Retirement*)
MPSoC	Multiprocessor System on Chip
MRP	Media Redundancy Protocol
ODR	On-Demand Redundanz
OEM	Automobilhersteller (engl. *Original Equipment Manufacturer*)
OMG	Object Management Group
OSI	Open Systems Interconnection
OTA	Over the Air Update
PCIe	PCI Express
PEIT	Powertrain Equipped with Intelligent Technology
PKW	Personenkraftwagen
POSIX	Portable Operating System Interface
PRP	Parallel Redundancy Protocol
PTC	Powertrain Controller
PTP	Precision Time Protocol
QM	Qualitätsmanagement
RACE	Robust and reliable Automotive Computing Environment for future eCars
RAID	Redundant Array of Independent Disks
RF	Restfehler (engl. *Residual Faults*)
ROS	Robot Operating System
RS-Code	Reed-Solomon-Code
RSTP	Rapid Spanning Tree Protocol
RTPS	Standard Real-Time Publish Subscribe

S.M.A.R.T.	Self-Monitoring, Analysis and Reporting Technology
SafeAdapt	Safe Adaptive Software for Fully Electric Vehicles
SAPC	Safe Adaptation Platform Core
SEDP	Simple Endpoint Discovery Protocol
SERCOS	Serial Real-Time Communication System
SG	Sicherheitsziel (engl. *Safety Goal*)
SL	Arbitrierlogik (engl. *Simplex Logic*)
SOA	Serviceorientierte Architektur
SoC	System on Chip
SOME/IP	Scalable Service-Oriented Middleware over IP
SPARC	Secure Propulsion using Advanced Redundant Control
SPB	Shortest Path Bridging
SPDP	Simple Participant Discovery Protocol
SPoC	Single Point of Control
SPoF	Single Point of Failure
SSD	Solid State Disk
SSH	Secure Shell
SW	Software
TCP	Transmission Control Protocol
TDMA	Time Division Multiple Access
TMDP	Trusted Multi Domain Platform
TMR	Tripple Modular Redundancy
TSN	Time-Sensitive Networking
TTE	Time-Triggered Ethernet
UDP	User Datagram Protocol
VM	Virtuelle Maschine
WHEA	Windows Hardware Error Architecture
XCC	Universal Control Computer

Symbolverzeichnis

	Griechische Buchstaben	
λ	Ausfallrate	h^{-1}
μ	Zugehörigkeitsfunktion	
ρ	Redundanzgrad	

	Indizes
dev	Gerät (engl. *Device*)
dyn	dynamisch
ges	gesamt
i	Iterator
ist	Ist-Wert
krit	kritisch
max	maximal
par	parallel
ser	seriell
sys	System
thr	Schwellwert (engl. *Threshold*)
tol	Toleranz
warn	Vorwarnung

	Lateinische Buchstaben	
A	Verfügbarkeit (engl. *Availability*)	
d	Datenstrom	
f	Fehlerursache (engl. *Fault*)	
$F(t)$	Ausfallwahrscheinlichkeit (engl. *Probability of Failure*)	
C_{th}	Thermische Kapazität	$\frac{J}{K}$
G_{th}	Thermischer Leitwert	$\frac{W}{K}$
H	Hardwareinstanz	

$h(t)$	Ausfallrate (engl. *Hazard Rate*)	h^{-1}
h	Hamming-Distanz	
K	Verstärkungsfaktor	
k	Anzahl erforderlicher Instanzen, $k = N$	
$MTTF$	Mittlere Lebensdauer (engl. *Mean Time to Failure*)	h
$MTTR$	Mittlere Reparaturdauer (engl. *Mean Time to Repair*)	h
M	Monitoringdienst	
S	Dienst (engl. *Service*)	
N	Anzahl erforderlicher Instanzen, $N = k$	
n	Anzahl vorhandener Instanzen	
P	Leistungsaufnahme	W
$R(t)$	Zuverlässigkeit (engl. *Reliability*)	
r	Reserve (engl. *Spares*) oder absoluter Hardwareoverhead	
R	Anforderung (engl. *Requirement*)	
T	Temperatur	°C
Δt	Zeitdifferenz	s
t_1	Zeitkonstante	s
t	Zeit (engl. *Time*)	s
T_0	Umgebungstemperatur	°C
t_M	Missionszeit	h
V	Vitalzustand	
c	Kosten (engl. *Costs*)	
X	Zustandsmenge	
x	Zustand	

Kurzfassung

Der rasante Fortschritt moderner Fahrerassistenzsysteme und das Aufkommen des automatisierten Fahrens machen heutige Straßenfahrzeuge zunehmend zu „Computern auf Rädern“ [53]. Diese sicherheitskritischen Anwendungen müssen auch im Falle eines Hardwaredefekts zuverlässig funktionieren. Bisherige Ansätze auf Basis applikationsspezifischer Steuergeräte mit statischer Hardwareredundanz oder mechanischer Rückfallebene werden zukünftigen Anforderungen nicht mehr genügen. Daher besteht ein Bedarf an ganzheitlichen E/E-Architekturen, die Rechenleistung, Flexibilität, Ressourceneffizienz und Funktionale Sicherheit vereinen.

Diese Arbeit stellt eine Methode zur proaktiven Fehlertoleranz in automobilen E/E-Architekturen vor. Zunächst bestätigt sie anhand wissenschaftlicher Quellen, dass proaktive Fehlertoleranz möglich ist und bereits in einigen Bereichen Anwendung findet. Anschließend beschreibt sie ein Modell zur Bewertung und Prognose des Vitalzustands von Steuergeräten und Rechenknoten im Fahrzeug, das durch eine Fallstudie konkretisiert wird. Daraufhin erfolgt die Erweiterung der dienstorientierten Middleware einer automatisierten Forschungsplattform zu einem agentenorientierten System. Hiermit können Fahrzeugapplikationen bei drohendem Hardwaredefekt zur Laufzeit selbstständig und unterbrechungsfrei auf eine andere Hardwareplattform migrieren.

Darüber hinaus wird die *Petal-Architektur* vorgestellt, ein E/E-Architekturkonzept, das diese Form der Fehlertoleranz unterstützt. Schließlich erfolgt der experimentelle Nachweis des proaktiven Fehlertoleranzverfahrens anhand einer beispielhaften Implementierung.

Abstract

The rapid progress of modern driver assistance systems and the advent of automated driving are increasingly turning today's road vehicles into "computers on wheels" [53]. At the same time, these applications represent safety-critical driving functions and require a seamless functionality even in the event of a hardware defect. Previous approaches based on application-specific control units with static hardware redundancy or mechanical fallback layers will no longer meet future requirements. The increasing demand for intelligent vehicle applications requires a methodical approach to address the conflicting goals of hardware integration, software flexibility, and fault tolerance in automotive E/E architectures. There is therefore a need for comprehensive concepts that combine computing power, flexibility, resource efficiency and functional safety.

In research, these topics are usually considered separately. Numerous studies focus on the dynamic integration of real-time applications, but only consider fault tolerance at chip level [83, 50, 11, 69]. Others rely on classic parallel instances and accept multiple hardware requirements and a static system structure [95, 84, 17]. There is currently no known method for fault tolerance in highly integrated E/E architectures that combines a high level of safety with a low hardware overhead. One possible solution is the dynamic, proactive migration of functionalities in the event of impending faults. However, this raises numerous questions, which are addressed in this work:

1. Is it possible to predict hardware failures in automotive E/E architectures during operation?
2. Can a real-time service be migrated to another hardware platform without interruption, without a central control instance and within the prediction time window?
3. What characteristics must an E/E architecture have so that such proactive error handling can be used effectively?

Although numerous research papers on similar topics already exist, the unification of these concepts into a consistent overall system and their application to modern E/E architectures remains an open research question. This work makes the following contributions:

- An analytical method for evaluating and predicting the hardware state
- An agent-based method for interruption-free software migration
- An E/E architecture model for the optimal consolidation of control hardware without single point of failure (SPoF)
- A Proof of these concepts using an exemplary implementation

This thesis thus presents a novel concept for improving safety in highly integrated E/E architectures of intelligent vehicles. It is structured as follows:

Introduction

The first chapter introduces the topic, describes the technical and historical background of this work and explains its motivation. This is followed by a definition of the questions to be answered in the subsequent chapters, as well as an explanation of the objectives and approach.

Basics

This work requires a basic understanding of the structure and reliability of automotive on-board electronics. Chapter 2 therefore introduces the basic concepts of functional safety in the automotive sector and explains the possible causes of faults in on-board electronics. This is followed by a description of the reliability analysis and fault tolerance of technical systems as well as the structure and development of automotive E/E architectures. Finally, the basics of service- and agent-based software architectures are presented, which are necessary for understanding the software implementation.

State of Research

Chapter 3 analyzes the current state of research in the field of fault-tolerant systems. It first looks at fault-tolerant E/E architectures. These are closely linked to the emergence of *drive-by-wire* technology at the turn of the millennium. The chapter describes numerous research projects, starting with the first approaches through to advanced E/E architectures in projects such as RACE and SafeAdapt. The analysis reveals requirements for modern E/E architectures and suitable solution approaches. However, it also shows that despite great progress in the relevant areas, there is no agent-based concept for proactive fault tolerance in automotive E/E architectures.

The state of research in the field of fault-tolerant multi-agent systems is then explained. The work of Weiss et al. [108] stands out here in particular. The research group has succeeded in demonstrating fault-tolerant behavior in distributed real-time systems by dynamically setting up redundant software structures. However, the method is based on a reactive approach and is associated with a significant reconfiguration time in the event of an error.

Finally, approaches from industry and research for fault prediction and proactive fault tolerance in digital systems are presented. Scientific sources are used to show that fault prediction and proactive fault tolerance are possible and are already being used commercially in some applications. Extensive solutions are available, particularly in the IT and HPC sectors. For this reason, this chapter first looks at commercial approaches to proactive fault tolerance in this sector. Subsequently, research work is described that relates to both IT and embedded applications.

The analysis of the state of research shows that the solution approaches in this work are realistic and have already been researched and proven in some aspects. However, the survey makes it clear that these have not yet been combined into a consistent overall concept for proactive fault tolerance in automotive E/E architectures. This opens up previously unused scope for designing the safety architecture of modern road vehicles.

Concept

The methods and concepts outlined in this work are detailed in Chapter 4. These include a method for error prediction in ECUs, a method for decentralized error handling through agent-based resource reallocation and a concept of a compatible E/E architecture.

The method for fault prediction is based on the analytical description of device states, their anticipation using prediction functions and the determination of vital states using membership functions. For this purpose, the conventional binary fault model is extended to a continuous state model in the sense of fuzzy logic. Each technical unit is assigned a vital state V between 0 and 1, which represents the product of partial vital states V_i. These are derived from specific membership functions μ_i of technical states x_i. If a prediction function $\hat{x}_i$ exists for a sufficient proportion of states, the vital state of the device can be predicted, which enables preventive measures to be taken. Section 4.1 defines requirements for the advance warning time and diagnostic coverage and gives examples of possible states and associated membership functions. An exemplary prediction function is specified using a detailed case study.

The detection of an impending hardware defect allows for proactive error handling. Section 4.2 presents a method for decentralized and uninterrupted live migration of real-time functions to another hardware platform. It assigns an agent A_i to each computing node H_i and an agent A_j to each functional service S_j. The monitor observes the state set X_i of its host and uses them to determine the predicted vital state $\hat{V}_i$. The local agents observe this value and initiate the live migration of their functional service if it falls below the critical value V_{krit}. On the new host, they carry out the auto-orchestration and install an active-redundant signal path, which enables a seamless failover process. Thanks to its agent-based approach, the method does not require a central instance and therefore avoids a SPoF.

As the method is mainly suitable for standardized systems with a high degree of basic safety, Section 4.3 presents a novel E/E architecture approach that supports this method and makes the concept of proactive fault tolerance applicable in the vehicle sector. To this end, the requirements for the E/E architecture are first defined. A structural approach is then determined in order to fulfill the requirements. A novel **hexagonal solution space** is then designed, which enables an analytical design process. This solution space is then narrowed down and optimized using a cost model. As a result of this process, the so-called **Petal architecture** is presented, a decentralized, scalable E/E architecture concept that enables the flexible reallocation of driving functions.

Implementation

Chapter 5 demonstrates the practical feasibility of the methods using a prototype implementation on the vehicle-compatible hardware platform *Zynq Ultrascale+*. For this purpose, the service-oriented middleware ASOA is extended to an agent-oriented system. The main software components are the *Agent*, the *Monitor* and the *AutoOrchestrator*.

An *Agent* is a service that controls another, functional service. It has a service requirement of the type *VitalState*, which subscribes the corresponding guarantee of the local *Monitor*. If this falls below a critical value, the agent initiates the migration of its service. The migration process is implemented as a Linux shell script. It is carried out by transferring and calling the executable file via SSH.

An *AutoOrchestrator* monitors the service descriptions distributed via broadcast and uses them to create a local image of the service landscape. If the data types of the requirement and guarantee match, it automatically connects them by subscribing to the guarantee.

In addition, modifications in the *ASOA-Core* enable the creation of any number of redundant endpoints at any time and the direct control of services by an *Agent* or *AutoOrchestrator*.

Practical Validation

The implementation is validated in Chapter 6 through a range of tests. For this purpose, the exemplarily implemented methods for failure prediction, migration and auto-orchestration are first examined separately. This is followed by an overall test in which all functionalities are tested in their interaction.

In the tests, the overheating of a hardware node is correctly predicted and the unbroken data stream is demonstrated by live migration of a real-time application. The case study illustrates that the prediction window for impending hardware defects can be significantly larger than the time window required to set up a redundant signal path. A control function can be migrated to another hardware platform during operation in the event of an impending hardware failure without interrupting the continuous data stream. The migration process can be carried out automatically by the agents without the intervention of a central control instance. The response times in this case study are well below the forecast time window determined. The results emphasize the potential of the proposed method to optimize the hardware requirements of high-performance E/E architectures and improve the safety of future road vehicles.

Summary

The work ends with a summary of the results and an outlook on possible further research approaches. Its scientific uniqueness is found in a comprehensive fault tolerance concept for automotive E/E architectures that eliminates the need for full hardware duplication. The proactive and decentralized live migration technique can achieve continuous maintenance for driving functions in the presence of faults. A significant advantage of proactive fault tolerance compared to classic, static redundancy concepts is that its overhead is not proportional to the resources required by the application. This property is particularly evident in compute-intensive applications. As a result, the method is in a normal case potentially more economical and in an emergency case potentially faster than previously known methods.

1 Einleitung

1.1 Motivation und Ziele

Seit der Einführung elektronischer Systeme in Straßenfahrzeugen Ende des letzten Jahrhunderts hat der Automobilbereich einen beispiellosen technologischen Wandel erfahren. Die ursprünglich rein mechanischen Produkte haben sich zu softwaregestützten mechatronischen Systemen entwickelt, die den Fahrer nicht nur unterstützen, sondern zunehmend selbst Fahrfunktionen übernehmen. Aktuelle Entwicklungen deuten darauf hin, dass Fahrzeuge in Zukunft autonom im Straßenverkehr navigieren werden, während der Fahrer allmählich zum Passagier wird. Mit dem Funktionsumfang stiegen auch die Anforderungen an die Hardware. Der Kabelbaum wuchs auf eine Gesamtlänge von mehreren Kilometern an und entwickelte sich zu einer der kostspieligsten Einzelkomponenten im Fahrzeug [76]. Zeitgleich stieg die Anzahl der Steuergeräte in einigen Modellen auf über 100 Stück [110].

Um den zunehmenden Hardwareumfang zu bewältigen, wurde der Ausbau der Kapazitäten von einem fortlaufenden Konsolidierungsprozess begleitet. Die Integration von Funktionalitäten in gemeinsame Hardwarekomponenten ermöglichte die Bewältigung der Komplexität sowie die Reduzierung von Gewicht und Kosten. Durch kontinuierlich leistungsfähigere Bussysteme konnten Signale auf gemeinsamen Leitungen zusammengeführt werden. Wie in Abbildung 1.1 gezeigt, wurden Steuergeräte zu Domänencontrollern erweitert und zu Multidomänencontrollern (engl. *Multi-Domain Controller*) (MDC) vereint [87]. So entwickelte sich aus anfangs separaten Anwendungen eine zusammenhängende E/E-Architektur. Schreibt man diese Entwicklung in die Zukunft fort, stehen am Ende zentrale Fahrzeugcomputer, die von einem Netz dezentraler Zonencontroller umgeben sind [16].

D. Niedballa, *Proaktive Fehlertoleranz in verteilten Echtzeitsystemen mit dynamischer Ressourcen-Reallokation*, Wissenschaftliche Reihe Fahrzeugtechnik Universität Stuttgart, https://doi.org/10.1007/978-3-658-48790-4_1

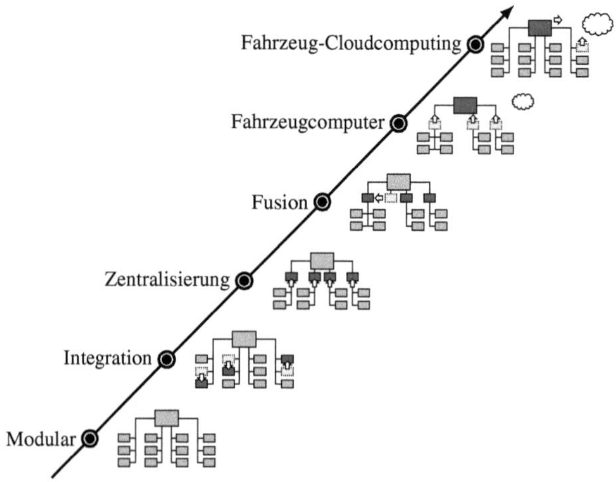

Abbildung 1.1: Entwicklung automobiler E/E-Architekturen nach [57]

Durch die zunehmende Integration von Funktionalitäten in einzelne Steuergeräte wuchs auch die Softwarekomplexität und erforderte eine stärkere Strukturierung, worauf die Industrie mit Standards wie Automotive Open System Architecture (AUTOSAR) und AUTOSAR Adaptive reagierte. Prozessorbasierte Rechenknoten mit dienstorientierter Software auf Portable Operating System Interface (POSIX)-Betriebssystemen lassen moderne Personenkraftwagen (PKW) als „Computer auf Rädern" erscheinen [53]. Aktuelle Premiumwagen können Software im Umfang von bis zu 100 Millionen Zeilen Code enthalten und übertreffen damit selbst Smartphones und Flugzeuge um ein Vielfaches [110]. Gleichzeitig erwarten Kunden, jederzeit neue Funktionalitäten nachladen zu können.

Obwohl ein Großteil des Softwareumfangs auf Komfortfunktionen zurückgeht, sind einige Funktionalitäten sicherheitskritisch und müssen jederzeit garantiert werden. Die Norm ISO 26262 definiert umfangreiche Kriterien und Maßnahmen, um systematische Fehler auszuschließen und Ausfallraten auf ein vertretbares Maß zu reduzieren [40]. Können digitale Fehler nicht ausgeschlossen werden, muss zumindest die Deaktivierung gewährleistet sein (*fail-silent*). In solchen Fällen dienen Mensch und Mechanik traditionell als

Rückfallebene, wie z. B. bei Servolenkung und Antiblockiersystem (ABS). Entfällt diese menschlich-mechanische Rückfallebene, wie etwa bei reinen Drive-by-Wire-Systemen [84], muss das digitale System redundante Kapazitäten bereithalten, um seine Funktionalität auch im Fehlerfall garantieren zu können (*fail-operational*).

Hier zeigt sich ein Zielkonflikt zwischen Integration und Sicherheit, insbesondere im Hinblick auf das automatisierte Fahren ab SAE-Level 3 [78]. Während in der Branche Konsens herrscht, dass sich langfristig Zentral- bzw. Zonenarchitekturen durchsetzen werden, da sie die Synergieeffekte des Konsolidierungsprozesses voll ausschöpfen, schaffen diese in Form von Zentralrechnern zugleich einen Single Point of Failure (SPoF), der wiederum höhere Automatisierungslevel ohne menschliche Rückfallebene infrage stellt. Eine Vervielfältigung der kostenintensiven Hardware hingegen widerspricht der ursprünglichen Intention der Ressourceneffizienz. Somit stellt die Sicherheit in intelligenten und vernetzten Fahrzeugen eine der großen technischen Herausforderungen unserer Zeit dar. Um die Jahrtausendwende galt die Luft- und Raumfahrttechnik mit Fly-by-Wire-Systemen als Blaupause für ausfallsichere Drive-by-Wire-Systeme im Fahrzeug [88, 97]. Durch den rasanten Ausbau der Bordelektronik kann nun die Informationstechnologie (IT) Lösungsansätze für aktuelle Fragen im Automobilbereich bereithalten.

1.2 Forschungsfrage

Die steigende Nachfrage nach intelligenten Fahrzeuganwendungen erfordert einen methodischen Ansatz zur Lösung des Zielkonflikts zwischen den Anforderungen der Hardwareintegration, der Softwareflexibilisierung und der Fehlertoleranz in automobilen E/E-Architekturen. In der Forschung werden diese Themen meist separat betrachtet. Zahlreiche Arbeiten konzentrieren sich auf die dynamische Integration von Echtzeitanwendungen, betrachten Fehlertoleranz aber nur auf Chip-Ebene [83, 50, 11, 69]. Andere setzen auf klassische Parallelinstanzen und nehmen einen mehrfachen Hardwarebedarf und eine statische Systemstruktur in Kauf [95, 84, 17]. Derzeit gibt es keine bekannte Methode zur Fehlertoleranz in hochintegrierten E/E-Architekturen, die ein hohes Maß an Sicherheit mit einem geringem Hardwareoverhead vereinbart. Einen möglichen Lösungsansatz stellt die dynamische, proaktive Migration von Funktionalitäten bei bevorstehenden Störungen dar. Dieser wirft jedoch zahlreiche Fragen auf, die in dieser Arbeit behandelt werden:

1. Ist es möglich, Hardwareausfälle in automobilen E/E-Architekturen im laufenden Betrieb zu prognostizieren?
2. Kann ein Echtzeitdienst unterbrechungsfrei, ohne zentrale Kontrollinstanz und innerhalb des Prognosezeitfensters auf eine andere Hardwareplattform migriert werden?
3. Welche Eigenschaften muss eine E/E-Architektur aufweisen, damit eine solche proaktive Fehlerbehandlung effektiv eingesetzt werden kann?

Obwohl bereits zahlreiche Forschungsarbeiten zu vergleichbaren Themen existieren, bleibt die Vereinigung dieser Arbeiten zu einem konsistenten Gesamtsystem und deren Anwendung auf moderne E/E-Architekturen eine offene Forschungsfrage. Dazu leistet diese Arbeit folgende Beiträge:

- Entwicklung einer analytischen Methode zur Bewertung und Prognose des Hardwarezustandes
- Entwurf einer agentenbasierten Methode zur unterbrechungsfreien Softwaremigration
- Konzeption eines E/E-Architekturmodells zur optimalen Konsolidierung der Steuerungshardware ohne SPoF
- Nachweis dieser Konzepte anhand einer beispielhaften Implementierung

Diese Arbeit präsentiert somit ein neuartiges Konzept zur Verbesserung der Sicherheit in hochintegrierten E/E-Architekturen intelligenter Fahrzeuge.

1.3 Aufbau der Arbeit

Diese Arbeit ist folgendermaßen aufgebaut: Nach der Einleitung führt sie zunächst mit Kapitel 2 in die grundlegenden Konzepte und Theorien ein, die zum Verständnis der Arbeit von Bedeutung sind. Dazu gehören die Funktionale Sicherheit (FuSi) im Automobilbereich, die Zuverlässigkeitstheorie, die wichtigsten Typen von E/E-Architekturen sowie die Grundlagen service- und agentenorientierter Softwaresysteme. Kapitel 3 analysiert den aktuellen Stand der Forschung im Bereich fehlertoleranter E/E-Architekturen und Multiagentensysteme (MAS). Dabei wird deutlich, dass trotz der Bedeutung der Fehlertoleranz im Automobilbereich bislang kein vergleichbarer proaktiver Ansatz existiert. Ein Vergleich mit anderen Branchen zeigt, dass proaktive Verfahren bereits praxistauglich sind und Potenzial für Anwendungen im Automobilbereich aufweisen. Anschließend werden in Kapitel 4 Methoden und Konzepte zur Lösung des Problems vorgestellt. Dazu gehören eine Methode zur Fehlerprädiktion in Steuergeräten, eine Methode zur unterbrechungsfreien Live-Migration echtzeitkritischer Fahrfunktionen sowie das Konzept einer kompatiblen E/E-Architektur. Das fünfte Kapitel demonstriert die praktische Umsetzbarkeit der Methoden anhand einer prototypischen Implementierung auf einer fahrzeugtauglichen Versuchsplattform. Diese wird in Kapitel 6 anhand einer Versuchsreihe getestet und validiert. Zuletzt werden die Ergebnisse der Arbeit zusammengefasst und ein Ausblick auf weiterführende Forschungsansätze gegeben.

2 Grundlagen

Die vorliegende Arbeit erfordert ein grundlegendes Verständnis des Aufbaus und der Zuverlässigkeit automobiler Bordelektronik. Das folgende Kapitel gibt daher zunächst einen Überblick über die wichtigsten Aspekte der Funktionalen Sicherheit im Automobilbereich und die möglichen Fehlerursachen in der Bordelektronik. Es folgt eine Einführung in die Zuverlässigkeitsanalyse und Fehlertoleranz technischer Systeme sowie in den Aufbau und die Entwicklung automobiler E/E-Architekturen. Diese bilden die Grundlage für die Konzeption. Abschließend werden die Grundlagen der service- und agentenbasierten Softwarearchitekturen dargestellt, welche zum Verständnis der softwareseitigen Implementierung erforderlich sind.

2.1 Funktionale Sicherheit

Im Gegensatz zur Betriebssicherheit kann Funktionale Sicherheit nicht durch Deaktivierung eines Systems erzielt werden, sondern besteht in der Aufrechterhaltung seiner Funktionalität. Der Begriff der Funktionalen Sicherheit bezieht sich hauptsächlich auf elektrische und elektronische Systeme. Ausfallsichere Elektronik spielt in anderen Branchen wie der Luft- und Raumfahrt schon seit langer Zeit eine Rolle und gewinnt durch die zunehmende Digitalisierung auch im Automobilbereich an Bedeutung. Das folgende Unterkapitel erläutert daher zunächst die Norm ISO 26262, welche die wesentlichen Aspekte der Analyse und Implementierung funktional sicherer Elektroniksysteme im Automobilbereich regelt. Anschließend werden Fehlerursachen und mögliche Gegenmaßnahmen näher beleuchtet.

D. Niedballa, *Proaktive Fehlertoleranz in verteilten Echtzeitsystemen mit dynamischer Ressourcen-Reallokation*, Wissenschaftliche Reihe Fahrzeugtechnik Universität Stuttgart, https://doi.org/10.1007/978-3-658-48790-4_2

2.1.1 ISO 26262

Die ISO 26262 ist die führende internationale Norm zur Funktionalen Sicherheit von Software und Elektronik in Straßenfahrzeugen [40]. In Anlehnung an die internationale Norm IEC 61508 definiert sie den Umgang mit Sicherheitsanforderungen und deren Umsetzung während des gesamten Produktlebenszyklus. Sie bezieht sich nicht allein auf die Automobilhersteller (engl. *Original Equipment Manufacturer*) (OEM), sondern auf deren gesamte Lieferkette.

Ein wesentlicher Aspekt der ISO 26262 ist die Klassifizierung der Sicherheitsanforderungen in die Stufen Qualitätsmanagement (QM) und Automotive Safety Integrity Level (ASIL) A bis D. QM steht für *keine besonderen Sicherheitsanforderungen*, während ASIL D für *höchste Sicherheitsanforderungen* steht. Die Norm definiert zahlreiche organisatorische und methodische Maßnahmen zur Ermittlung, Umsetzung und Sicherstellung dieser Anforderungen. Somit stellt sie eine bedeutende Grundlage für die Entwicklung, den Betrieb und die rechtliche Beurteilung sicherheitskritischer Anwendungen im Automobilbereich dar.

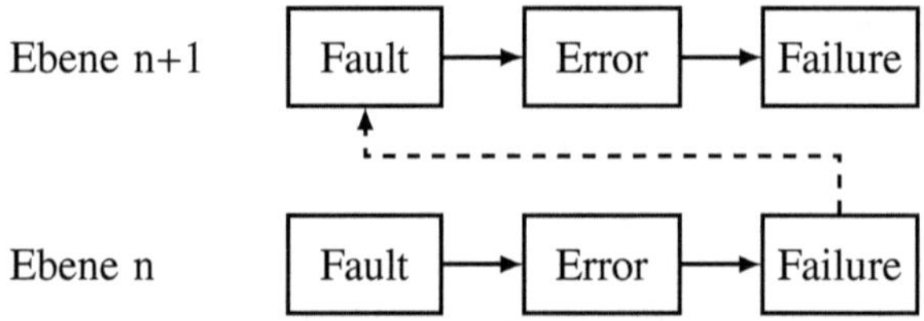

Abbildung 2.1: Fehlerausbreitung in Anlehnung an ISO 26262-10:2018, 4.3.1 [40]

In Teil 1 definiert die Norm zahlreiche Begriffe, von denen einige für die vorliegende Arbeit von Bedeutung sind:

- **Fault** - *Fehlerursache*: Abweichung eines inneren Zustands von seiner Spezifikation. Ein *Fault* kann zunächst unerkannt bleiben, in der Folge jedoch zu einem *Error* führen.

- **Error** - *Fehlfunktion*: Abweichung des Systemverhaltens von seiner Norm. Tritt ein *Error* auf, hat sich der *Fault* bereits in einem erkennbaren Fehlverhalten manifestiert.
- **Failure** - *Ausfall*: Ausfall des Systems bzw. die Beendigung seiner Funktion. Der Ausfall eines Subsystems kann im übergeordneten System eine Fehlerursache darstellen und letztlich zum Ausfall einer Funktionalität auf Fahrzeugebene führen.

2.1.2 Fehlermodi

Die konkreten Maßnahmen zur Darstellung Funktionaler Sicherheit sind von der Implementierung und den entsprechenden Fehlermodi abhängig und lassen sich in Fehlervermeidungs- und Fehlertoleranzmaßnahmen einteilen. Die wichtigsten Fehlerklassen und beispielhafte Gegenmaßnahmen werden im Folgenden dargestellt.

Funktionale Softwarefehler (Bugs) sind Programmierfehler, die zu fehlerhaftem Verhalten führen. Fehlervermeidungsstrategien hierzu bestehen in einer Vielzahl von Programmiertechniken und -paradigmen wie z. B. der Vermeidung unnötiger Komplexität oder der Etablierung umfassender Regressionstests. Eine Fehlertoleranzmaßnahme gegen funktionale Softwarefehler lautet *N-Version Programming*. Hierbei entwickeln mehrere Teams unabhängig voneinander auf Basis verschiedener Programmiersprachen dieselbe Funktionalität. Die resultierenden Programme werden anschließend redundant in das Produkt integriert.

Timingfehler bestehen in der Verletzung der Zeit- bzw. Echtzeitanforderungen des Systems. Sie können beispielsweise bei Zugriffskonflikten auf gemeinsame Ressourcen wie Speicher oder Kommunikationsschnittstellen auftreten. Fehlervermeidungsstrategien hierzu lauten Reservierung exklusiver Ressourcen für echtzeitkritische Anwendungen, Überdimensionierung und Ressourcenverwaltung, z. B. mittels Time Division Multiple Access (TDMA). Fehlertoleranzmaßnahmen gegen Echtzeitverletzungen sind zwar denkbar, in der Praxis allerdings unüblich, da Fehlervermeidungsstrategien in der Regel zu einem höheren Maß an Zuverlässigkeit bei geringeren Kosten führen.

Transiente Hardwarefehler, wie z. B. Bit-Flip aufgrund von Übersprechen oder Strahlungseinflüssen, stellen eine häufige Fehlerklasse dar. Um sie zu vermeiden, bietet sich eine robuste Systemauslegung, z. B. durch differenzielle Signalführung, sowie die Abschirmung gegen äußere Störeinflüsse an. Beispiele für Fehlertoleranzmaßnahmen sind Fehlererkennungscodes (engl. *Error Detection Codes*) (EDC) und Fehlerkorrekturcodes (engl. *Error Correction Codes*) (ECC). Diese werden vor allem im Kommunikations- und Speicherbereich eingesetzt und ermöglichen durch Hinzufügen redundanter Informationen die Erkennung und ggf. Korrektur bzw. Nachforderung beschädigter Datensätze. [10]

Permanente Hardwarefehler sind häufig auf Produktionsfehler, mechanischen oder thermischen Stress oder auf Alterungseffekte zurückzuführen. Sie zu vermeiden ist Gegenstand der Produkt- und Fertigungsqualität. So können höhere Strukturgrößen beispielsweise mit einer verbesserten Robustheit und Zuverlässigkeit einhergehen. Toleranzmaßnahmen gegen permanente Hardwarefehler sind Fehlereindämmung und Hardwareredundanz. Das Prinzip der Fehlereindämmung zielt darauf ab, die Ausbreitung eines Fehlers zu vermeiden und ein Mindestmaß an Funktionalität aufrechtzuerhalten, ggf. in degradierter Form. Die einzige Möglichkeit tatsächlicher Fehlertoleranz bei permanenten Hardwarefehlern besteht in der Hardwareredundanz, also der Bereithaltung zusätzlicher Hardwareressourcen. Diese stellen den Gegenstand dieser Arbeit dar. [91, 90, 92]

2.2 Zuverlässigkeit und Fehlertoleranz technischer Systeme

Eine der wichtigsten Kenngrößen der Funktionalen Sicherheit ist die Zuverlässigkeit. Der folgende Abschnitt definiert und beschreibt diesen Begriff daher zunächst in Bezug auf technische Einzelkomponenten. Anschließend werden die Auswirkungen funktionaler Abhängigkeiten auf die Zuverlässigkeit komplexer technischer Systeme analytisch erörtert. Der dritte Abschnitt in diesem Unterkapitel benennt Strukturen und Konzepte, um die Zuverlässigkeit digitaler Systeme durch Fehlertoleranz zu verbessern.

2.2.1 Zuverlässigkeit technischer Einheiten

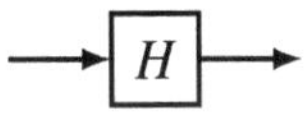

Abbildung 2.2: Technische Einheit H

Die **Zuverlässigkeit** $R(t)$ einer technischen Einheit H beschreibt die Wahrscheinlichkeit, dass diese zum Zeitpunkt t noch funktioniert. Die **Ausfallrate** $h(t)$ stellt den erwarteten Anteil ausgefallener Einheiten pro Zeiteinheit dar:

$$h(t) = -\frac{\frac{d}{dt}R(t)}{R(t)} \qquad \text{Gl. 2.1}$$

Das negative Vorzeichen geht darauf zurück, dass die Zuverlässigkeit bei positiver Ausfallrate stetig sinkt. Konstante Ausfallraten werden als λ bezeichnet. Somit ergibt sich:

$$\begin{aligned} R(t) &= \exp\left(-\int_0^t h(\tau)\,d\tau\right) \\ &= e^{-\lambda t} \quad \text{wenn} \quad h(t) = \lambda \end{aligned} \qquad \text{Gl. 2.2}$$

Ein typischer Verlauf der Ausfallrate wird durch die sogenannte **Badewannenkurve** beschrieben. Diese weist drei Phasen auf: Phase I ist von einer erhöhten, aber stetig sinkenden Zahl an Ausfällen geprägt, die auf Produktionsmängel zurückgehen. Darauf folgt eine Phase mit konstanter Ausfallrate λ aufgrund zufälliger Schäden. In Phase III treten verstärkt Verschleißerscheinungen auf, was zu einer stetig steigenden Ausfallrate führt. [101, 13]

Die **Ausfallwahrscheinlichkeit** $F(t)$ stellt das Komplement der Zuverlässigkeit dar, also die Wahrscheinlichkeit, dass das Element zum Zeitpunkt t bereits ausgefallen ist.

$$F(t) = 1 - R(t) \qquad \text{Gl. 2.3}$$

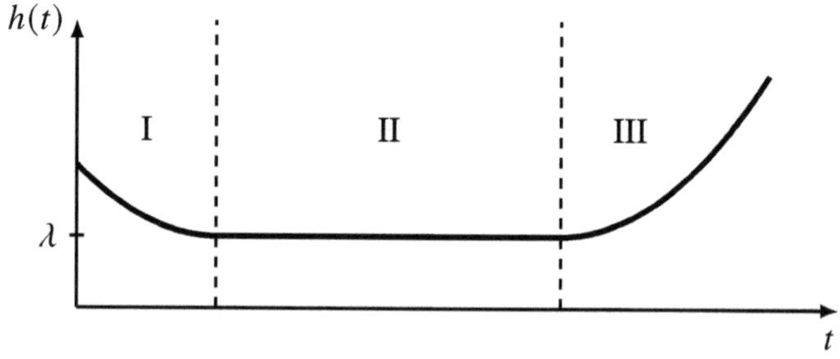

Abbildung 2.3: Badewannenkurve nach [29]

Das Integral der Zuverlässigkeit bildet die **mittlere Lebensdauer** (engl. *Mean Time To Failure*) $MTTF$. Bei konstanter Ausfallrate besteht sie in deren Kehrwert.

$$\begin{aligned} MTTF &= \int_0^\infty R(t)dt \\ &= \frac{1}{\lambda} \quad \text{wenn} \quad h(t) = \lambda \end{aligned} \qquad \text{Gl. 2.4}$$

Die **Missionszeit** t_M beschreibt die Zeitspanne, über die ein technisches System funktionieren muss, ohne dass es zu einem sicherheitskritischen Ausfall kommt. Die Zuverlässigkeit kann auch beschrieben werden als die Wahrscheinlichkeit, dass die Zeitspanne t_{fail} bis zum Ausfall größer ist als die Missionszeit.

$$R(t_M) = P(t_{fail} > t_M) \qquad \text{Gl. 2.5}$$

Die **Verfügbarkeit** A bezieht sich auf reparierbare Systeme und berücksichtigt zusätzlich Zeiten, die für Wartung, Reparatur und andere nicht betriebsbereite Phasen benötigt werden. Diese werden durch die **mittlere Reparaturdauer** (engl. *Mean Time To Repair*) $MTTR$ ausgedrückt. Die Verfügbarkeit A ist durch den Anteil der verfügbaren Zeit an der Gesamtzeit definiert. [37, 13]

$$A = \frac{\text{verfügbare Zeit}}{\text{Gesamtzeit}} = \frac{MTTF}{MTTF + MTTR} \qquad \text{Gl. 2.6}$$

2.2.2 Zuverlässigkeit komplexer Systeme

Sind zur Erfüllung einer Funktionalität mehrere Komponenten erforderlich, besteht eine **funktionale Abhängigkeit**. Diese lässt sich als **serielle Abhängigkeit** modellieren, da bereits der Defekt eines einzelnen Moduls zum Gesamtausfall führt. Sind dagegen Komponenten redundant vorhanden, lässt sich dies als **parallele Abhängigkeit** beschreiben, da nur eines von n Modulen zur Erfüllung der Gesamtfunktionalität erforderlich ist. Man spricht in diesem Fall auch von **n-modularer Redundanz**.

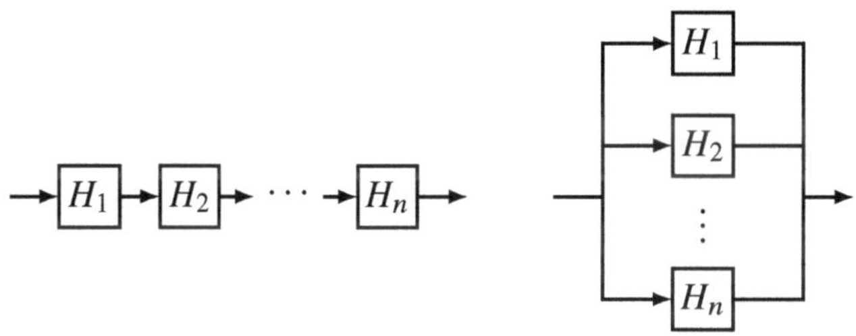

a) serielle Abhängigkeit b) parallele Abhängigkeit, Redundanz

Abbildung 2.4: Funktionale Abhängigkeit komplexer Systeme

Bei serieller Abhängigkeit stellt gemäß Gl. 2.7 das Produkt der Zuverlässigkeiten der Einzelmodule die Zuverlässigkeit R_{ser} des Gesamtsystems dar, da jedes Modul seine Funktion nur bei erfolgreicher Ausführung der vorangegangenen Funktionalitäten ausführen kann. Die Ausfallwahrscheinlichkeit F_{ser} des Gesamtsystems ergibt sich aus Gl. 2.3.

$$\begin{aligned} R_{\text{ser}}(t) &= \prod_{i=1}^{n} R_i(t) \\ &= R(t)^n \quad \text{wenn} \quad R_i(t) = R(t) \\ &= e^{-n\lambda t} \quad \text{wenn} \quad h_i(t) = \lambda \\ &\approx 1 - n\lambda t \quad \text{wenn} \quad \lambda t \ll 1 \end{aligned} \qquad \text{Gl. 2.7}$$

In einer parallelen Struktur bildet das Produkt der Ausfallwahrscheinlichkeiten die Gesamtausfallwahrscheinlichkeit des Systems, da dieses seine Funktionalität nur nach Ausfall aller Module verliert. In diesem Fall ermittelt man die Zuverlässigkeit $R_{\text{par}}(t)$ des Systems aus Gl. 2.3.

$$
\begin{aligned}
R_{\text{par}}(t) &= 1 - F_{\text{par}}(t) \\
&= 1 - F(t)^n \\
&= 1 - (1 - R(t))^n \\
&= 1 - (1 - e^{-\lambda t})^n \quad \text{wenn } h(t) = \lambda \\
&\approx 1 - (\lambda t)^n \quad \text{wenn } \lambda t \ll 1
\end{aligned}
\qquad \text{Gl. 2.8}
$$

Abbildung 2.5 zeigt den zeitlichen Verlauf der Systemzuverlässigkeit serieller und paralleler Systeme. Wie intuitiv erwartet führt ein höherer Grad serieller Abhängigkeiten zu einer deutlich schneller abfallenden Zuverlässigkeit, während ein zunehmender Redundanzgrad zu einem entsprechend flacheren Kurvenverlauf führt. Beachtung verdient allerdings die Tatsache, dass n-modulare Redundanz vor allem bei kurzen Missionszeiten, also für $t \ll \frac{1}{\lambda}$, zu einer erheblichen Verbesserung der Zuverlässigkeit führt. Wird ein System über seine mittlere Lebensdauer hinaus betrieben bzw. weist sehr hohe Ausfallraten auf, ergeben sich nur noch geringe Verbesserungen.

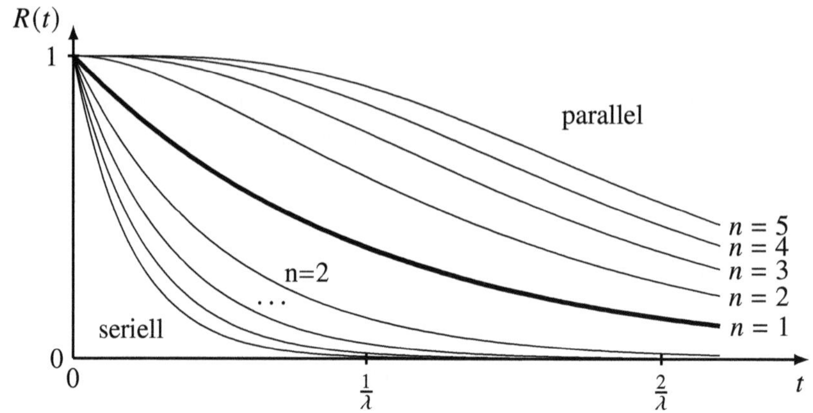

Abbildung 2.5: Zuverlässigkeit komplexer Systeme

Das zeigt sich auch mit Blick auf die Gesamtausfallrate des Systems in 2.6. Bei serieller Abhängigkeit wirkt sich jeder Ausfall direkt auf das Gesamtsystem aus. Daher lassen sich die Ausfallraten $h_i(t)$ der Einzelelemente zur Gesamtausfallrate $h_{\text{ser}}(t)$ addieren:

$$\begin{aligned} h_{\text{ser}}(t) &= \sum_{i=1}^{n} h_i(t) \\ &= n\lambda \quad \text{wenn} \quad h_i(t) = \lambda \end{aligned} \qquad \text{Gl. 2.9}$$

Bei n-modularer Redundanz lautet die Gesamtausfallrate gemäß Gl. 2.1:

$$\begin{aligned} h_{\text{par}}(t) &= -\frac{\frac{d}{dt}R_{\text{par}}(t)}{R_{\text{par}}(t)} \\ &= \lambda \frac{ne^{-\lambda t}(1-e^{-\lambda t})^{n-1}}{1-(1-e^{-\lambda t})^{n}} \quad \text{wenn} \quad h(t) = \lambda \end{aligned} \qquad \text{Gl. 2.10}$$

Man beachte, dass die Gesamtausfallrate auch bei konstanten Teilausfallraten zeitabhängig ist. Dies geht auf die Unabhängigkeit der Fehler zurück. Zum Zeitpunkt $t = 0$ ist die Wahrscheinlichkeit, dass mehrere Fehler exakt gleichzeitig auftreten, gleich null. Daher gilt $h_{\text{par}}(0) = 0$ für $n > 1$. Je mehr Zeit vergeht, umso größer ist die Wahrscheinlichkeit, dass alle redundanten Elemente versagt haben und nur noch ein einzelnes übrig bleibt. Da die Ausfallrate eines redundanten Systems niemals höher sein kann als die eines Einzelmoduls, gilt:

$$\lim_{t \to \infty} h_{\text{par}}(t) = \lambda \qquad \text{Gl. 2.11}$$

Die grafische Darstellung bestätigt, dass n-modulare Redundanz ihre Wirkung vor allem vor Erreichen der mittleren Lebensdauer entfaltet. Dabei sind drei Phasen erkennbar:

- Bei **kurzen Missionszeiten** $0 \leq t \ll \frac{1}{\lambda}$ führt bereits ein geringer Redundanzgrad zu einer erheblichen Reduktion der Systemausfallrate $h_{\text{sys}}(t)$.

$$h_{n=1}(t) = \lambda \gg h_{n=2}(t) \approx h_{n=3}(t) \approx 0 \qquad \text{Gl. 2.12}$$

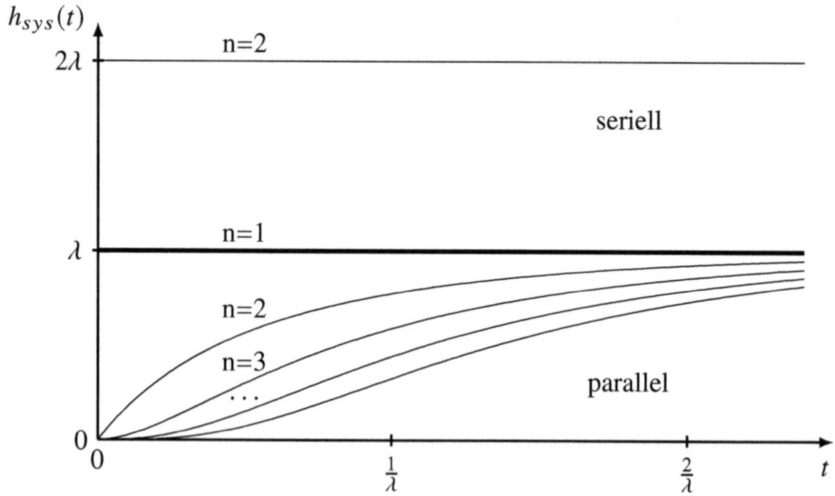

Abbildung 2.6: Ausfallraten komplexer Systeme

Die Wahrscheinlichkeit unabhängiger Mehrfachfehler $F(t)^n$ ist verschwindend gering und kann in vielen Fällen vernachlässigt werden, vgl. ISO 26262-5, C.1.2 [40].

$$F(t) \ll 1 \Rightarrow F(t) \gg F(t)^2 \approx F(t)^n \approx 0 \qquad \text{Gl. 2.13}$$

Daher führen hohe Redundanzgrade zu keiner wesentlichen Verbesserung der Zuverlässigkeit.

- Bei **mittleren Missionszeiten** $0 \ll t \leq \frac{1}{\lambda}$ können hohe Redundanzgrade zu einer deutlichen Verbesserung der Zuverlässigkeit führen.

$$h_{n=1}(t) = \lambda > h_{n=2}(t) > h_{n=3}(t) \ldots \qquad \text{Gl. 2.14}$$

Unabhängige Mehrfachfehler müssen in Betracht gezogen werden.

$$F(t) > F(t)^2 > \cdots > 0 \qquad \text{Gl. 2.15}$$

Sie gehen allerdings mit einer entsprechenden Vervielfachung der Kosten einher. Daher ist zu prüfen, ob eine Verringerung der Basis-Ausfallrate $h(t)$

durch Qualitätssicherungsmaßnahmen eine angemessenere Maßnahme zur Verbesserung der Systemausfallrate darstellt.

- Bei **langen Missionszeiten** $t > \frac{1}{\lambda}$ bewirkt ein hoher Redundanzgrad keine hinreichende Verbesserung der Systemausfallrate, da mit dem Ausfall aller Elemente zu rechnen ist.

$$\lim_{t \to \infty} R(t) = R_{\text{sys}}(t) = 0 \qquad \text{Gl. 2.16}$$

Die Gleichungen Gl. 2.17 und Gl. 2.18 beschreiben die Auswirkung der Systemzusammensetzung auf die mittlere Lebensdauer:

$$\begin{aligned} MTTF_{n,\text{ser}} &= \int_0^\infty R_{n,\text{ser}}(t)dt \\ &= \int_0^\infty R(t)^n dt \\ &= \frac{1}{n\lambda} \quad \text{wenn} \quad h(t) = \lambda \\ &= MTTF \cdot \frac{1}{n} \end{aligned} \qquad \text{Gl. 2.17}$$

$$\begin{aligned} MTTF_{n,\text{par}} &= \int_0^\infty R_{n,\text{par}}(t)dt \\ &= \int_0^\infty 1 - (1 - R(t))^n dt \\ &= \frac{1}{\lambda} \sum_{i=1}^{n} \frac{1}{i} \quad \text{wenn} \quad h(t) = \lambda \\ &= MTTF \cdot H_n \end{aligned} \qquad \text{Gl. 2.18}$$

Hierbei stellt H_n die n-te harmonische Zahl, also die n-te Partialsumme der harmonischen Reihe $1 + \frac{1}{2} + \frac{1}{3} + \ldots$ dar [14]. Die Auswertung in Abbildung 2.7 zeigt, dass selbst dreifache Redundanz die mittlere Lebensdauer kaum verdoppeln kann. Um die dreifache Lebensdauer zu erzielen sind mindestens 11 parallele Instanzen erforderlich. Unter Berücksichtigung der Zeitabhängigkeit der Ausfallrate $h(t)$ durch Verschleiß (vgl. Abbildung 2.3) wird dieser Effekt noch verstärkt. Somit ist die bislang beschriebene **aktive** bzw. **heiße Redundanz** keine geeignete Maßnahme, um die mittlere Lebensdauer technischer Systeme wesentlich zu verbessern. Daher kommen in praktischen Anwendungen selten Redundanzgrade $n > 3$ zum Einsatz.

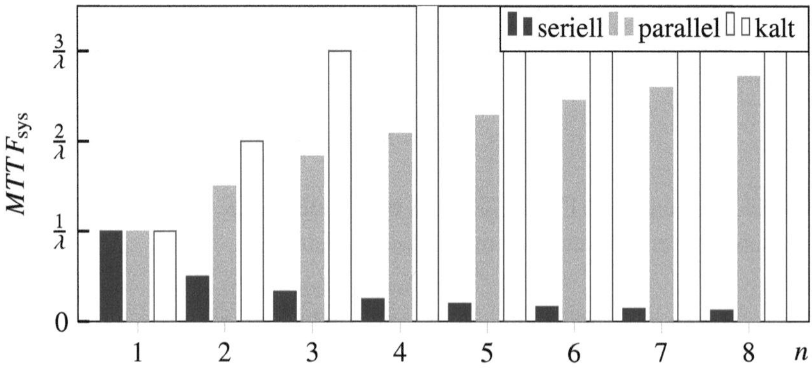

Abbildung 2.7: Mittlere Lebensdauer komplexer Systeme

Werden die redundanten Einheiten erst bei Ausfall der Vorgängereinheit aktiviert, wird dies als **passive** bzw. **kalte Redundanz** bezeichnet. Die Reserveeinheiten starten mit voller Zuverlässigkeit $R(t_{\text{failover}}) = 1$, wodurch die mittlere Lebensdauer um den Faktor n vervielfacht wird. Anwendungen, die auf einen Dauereinsatz ausgelegt sind, erfordern reparierbare Systeme.

$$MTTF_{n,\text{kalt}} = MTTF \cdot n \qquad \text{Gl. 2.19}$$

Parallele und serielle Systeme lassen sich zur allgemeinen **k-aus-n-Form** vereinigen. Hierbei steht k für die Zahl der **notwendigen** Module, während n die Zahl der **vorhandenen** Module bezeichnet. Die **überschüssigen** Einheiten werden als **Reserve** (engl. *Spares*) oder **absoluter Hardwareoverhead** r bezeichnet. Es gilt der Zusammenhang

$$n = k + r. \qquad \text{Gl. 2.20}$$

Der **Redundanzgrad** ρ bezeichnet das Verhältnis der vorhandenen zu den benötigten Ressourcen. Er ist hier folgendermaßen definiert:

$$\rho = \frac{n}{k} \qquad \text{Gl. 2.21}$$

Der Fall $k = 1$ entspricht einer n-modularen Redundanz, die daher auch als **1-aus-n-Redundanz** (engl. *1-out-of-n Redundancy*) bezeichnet wird. Für n-modulare Redundanz gilt $\rho = n$. Für $k = n$ liegt eine serielle Konfiguration, also keine Redundanz vor, und es gilt $\rho = 1$. Neben diesen Grenzfällen lassen sich mit der k-aus-n-Form auch Zwischenfälle beschreiben. Alle Konstellationen, außer der seriellen ($k = n$), setzen die Gleichwertigkeit aller Module voraus. Alle Konstellationen, außer der parallelen ($k = 1$), setzen voraus, dass sich die Funktionalität in k Hardwareinstanzen aufteilen bzw. **fragmentieren** lässt. Systeme mit $\rho < 1$ besitzen weniger Ressourcen als erforderlich und sind daher degradiert oder dysfunktional. In der Kommunikationstechnik ist k-aus-n-Redundanz auch als **m:n-Protection** bekannt.

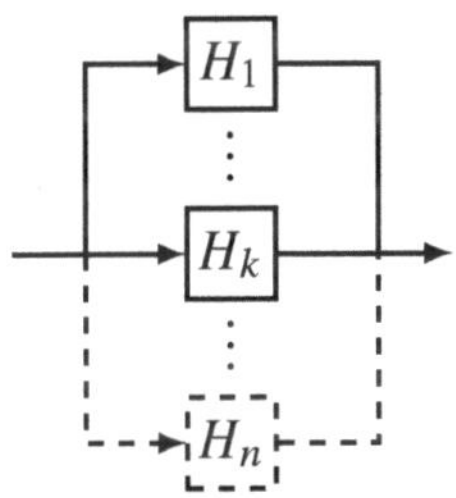

Abbildung 2.8: k-aus-n-Redundanz

Die Zuverlässigkeit $R_{k,n}$ einer k-aus-n-Konfiguration entspricht der Wahrscheinlichkeit, dass mindestens k von n Modulen noch funktionieren. Sie besteht somit aus der Summe der Wahrscheinlichkeiten aller entsprechenden Kombinationen aus funktionierenden und ausgefallenen Modulen. [14]

$$R_{k,n} = \sum_{i=k}^{n} \binom{n}{i} R^i (1 - R)^{n-i} \qquad \text{Gl. 2.22}$$

Die Gleichungen Gl. 2.17 und Gl. 2.18 können zur mittleren Lebensdauer $MTTF_{k,n}$ von k-aus-n-Systemen in Gl. 2.23 vereinigt werden. [14]

$$\begin{aligned} MTTF_{k,n} &= \int_0^\infty R_{k,n}(t)dt \\ &= \frac{1}{\lambda} \sum_{i=k}^{n} \frac{1}{i} \quad \text{wenn} \quad h(t) = \lambda \end{aligned} \qquad \text{Gl. 2.23}$$

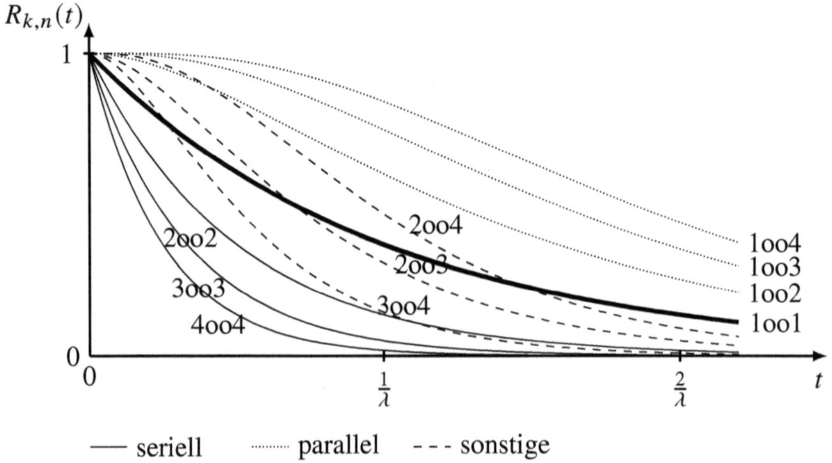

Abbildung 2.9: Zuverlässigkeit von k-aus-n-Systemen

Abbildung 2.9 zeigt die Zuverlässigkeit aller k-aus-n-Systeme mit $n \leq 4$ über der Zeit. Man beachte, dass Systeme mit $1 < k < n$ bei kurzen Missionszeiten sehr zuverlässig sind, langfristig aber eine geringere Zuverlässigkeit aufweisen als ein Einzelelement. Enthält ein System beispielsweise neben k erforderlichen Modulen $r = 1$ Reservemodul, gilt $n = k + 1$. Diese Konfiguration ist auch als **N+1-Redundanz** bekannt und zeichnet sich durch einen besonders niedrigen Redundanzgrad ρ aus, da $N = k$ Elemente in Verwendung sind und nur eines in Reserve. Die Systemzuverlässigkeit eines N+1-Systems lautet gemäß Gl. 2.22:

$$\begin{aligned} R_{n-1,n} &= \binom{n}{n-1} R^{n-1}(1-R) + \binom{n}{n} R^n \\ &= nR^{n-1}(1-R) + R^n \\ &= nR^{n-1} - (n-1)R^n \end{aligned} \qquad \text{Gl. 2.24}$$

Abbildung 2.10 vergleicht die Zuverlässigkeit R_{sys} der n-modularen Redundanz und der N+1-Systeme. Sie wird hier gegen die Zuverlässigkeit R_{dev} der Elemente aufgetragen. Deutlich wird, dass bei hoher Basis-Zuverlässigkeit $R_{\text{dev}} \approx 1$ N+1-Systeme trotz geringem Redundanzgrad eine vergleichbar hohe Zuverlässigkeit aufweisen wie die erheblich teureren n-modularen Systeme.

Daher eignen sie sich besonders für reparierbare Systeme oder Anwendungen mit kurzen Missionszeiten. [14, 93]

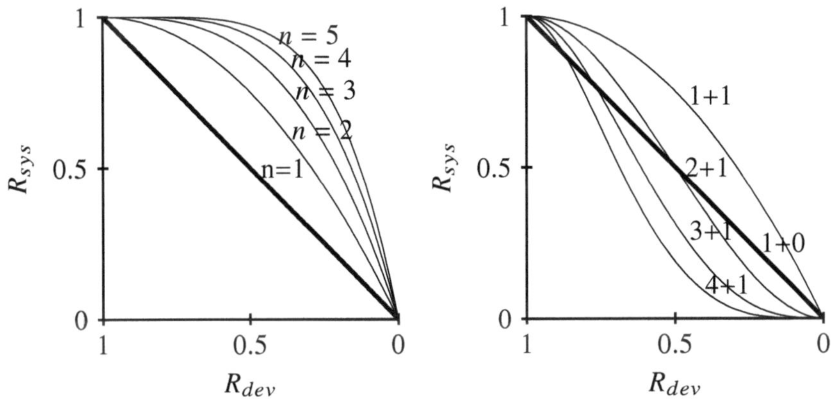

a) n-modulare Redundanz b) N+1-Redundanz

Abbildung 2.10: System-Zuverlässigkeit R_{sys} in Abhängigkeit von der Komponenten-Zuverlässigkeit R_{dev}

2.2.3 Fehlertoleranz digitaler Systeme

Jede Form der Fehlertoleranz beruht auf Redundanz, also einem Überschuss vorhandener Ressourcen gemessen am technischen Bedarf. In digitalen Systemen kann dieser Überschuss nicht nur räumlicher, sondern auch zeitlicher oder informationeller Art sein. Zudem können Informationen nicht nur vorhanden oder ausgefallen, sondern auch verfälscht sein. In digitalen Systemen ist somit neben der Zuverlässigkeit und Verfügbarkeit der Hardware auch die Integrität der Daten von Bedeutung. Da Informationen nicht a priori bekannt sind, ist die Fehlererkennung jedoch nicht trivial. Allerdings lassen sich Informationen beliebig vervielfältigen und verschieben, was besondere Fehlertoleranzkonzepte ermöglicht. Daher geht der folgende Abschnitt speziell auf informationstechnische Systeme ein. Letztere lassen sich den drei Domänen **Verarbeitung**, **Speicherung** und **Kommunikation** zuordnen. Kommunikationsverbindungen

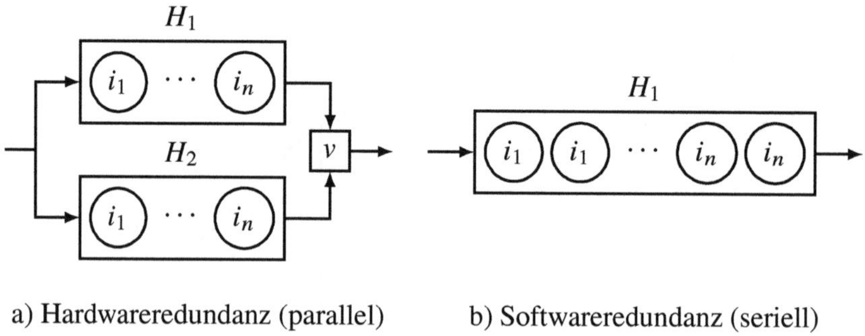

H = Rechenknoten, Steuergerät; i = Informationseinheit; v = Voter, Multiplexer

Abbildung 2.11: Redundanz auf Hardware- und Softwareebene

transportieren Informationen über räumliche Distanzen, Speicher überbrücken zeitliche Distanzen, bei der Datenverarbeitung werden Informationen erzeugt und verändert. Jede digitale Domäne erlaubt Fehlertoleranz auf Hardware- und Informationsebene. Die Instanzen dieser Domänen werden im Folgenden unter dem Begriff **Kanal** zusammengefasst.

Diese Arbeit betrachtet Fehlertoleranz auf Basis **beabsichtigter Redundanz gegen unbeabsichtigte, stochastische Störungen**. Unbeabsichtigte Redundanz ist ein Thema der Datenqualität und kann ggf. mithilfe von Kompressionsverfahren reduziert werden. Beabsichtigte Störungen sind ein Thema der IT-Security. Unbeabsichtigte, systematische Fehler können nur mit Fehlervermeidungsstrategien oder diverser Redundanz behandelt werden und werden hier nicht betrachtet. Zudem betrachtet diese Arbeit nur digitale informationstechnische Systeme. Die Signalintegrität und -redundanz analoger informationstechnischer Systeme werden hier ebenfalls nicht betrachtet. Fehlertolerante digitale Systeme lassen sich anhand ihrer Dimension, ihrer Dynamik, ihres Redundanzgrades, ihrer Topologie und ihrer Domäne kategorisieren.

Hardwareredundanz wird auch als räumliche oder strukturelle Redundanz bezeichnet. Da sie mehrere Kanäle parallel einsetzt, kann sie auch als **parallele Redundanz** betrachtet werden. Sie eignet sich zur Erkennung und Behandlung von transienten und permanenten Fehlern sowohl auf Hardware- wie auch auf

Tabelle 2.1: Redundanzkonzepte in der Informationsverarbeitung

Dimens.	Dynamik	Verarbeitung	Speicherung	Kommunikation
parallel	statisch	heiße Redundanz	Speicher-Array	1+1-Protection
parallel	dynamisch	kalte Redundanz	—	1:1-Protection
seriell	statisch	Redundante Ausführung	Vorwärts-fehlerkorrektur	Vorwärts-fehlerkorrektur
seriell	dynamisch	Checkpointing + Rollback	—	ARQ

Datenebene. Räumliche Redundanz geht allerdings unmittelbar mit zusätzlichem Hardwareaufwand einher. **Redundanz auf Softwareebene** beruht auf der mehrfachen Nutzung eines Kanals und kann daher als **serielle Redundanz** betrachtet werden. Sie ist nicht zu verwechseln mit serieller Abhängigkeit, vgl. Abschnitt 2.2.2. Serielle Verfahren ermöglichen Fehlertoleranz mit geringem Overhead, bieten jedoch keinen Schutz vor permanenten Hardwareausfällen. Obwohl softwarebasierte Methoden zunächst keine zusätzliche Hardware erfordern, senken sie die effektive Kanalkapazität und erhöhen somit indirekt die Kosten, vergleichbar mit hardwarebasierten Verfahren. Da allerdings weder eine vollständige Ressourcenauslastung noch eine lineare Kostenabhängigkeit vorausgesetzt werden kann, ist Redundanz auf Softwareebene in vielen Fällen kostengünstiger.

Bezüglich ihrer **Dynamik** lassen sich statische und dynamische Verfahren unterscheiden. **Statische Verfahren** erzeugen von Anfang an genügend redundante Informationen, um Fehler zu erkennen und sofort zu beheben. **Dynamische Verfahren** beruhen auf der nachträglichen Neuanforderung oder -erstellung verlorener Daten oder Strukturen. Sie dienen lediglich der Fehlerbehandlung und werden meist in Kombination mit einem statischen Fehlererkennungsverfahren eingesetzt. Dynamische Verfahren sind im fehlerfreien Fall ressourceneffizienter als statische Verfahren. Hauptnachteil ist die unvermeidliche Reaktionszeit im Fehlerfall. Prinzipbedingt sind dynamische Verfahren nicht auf Speicher

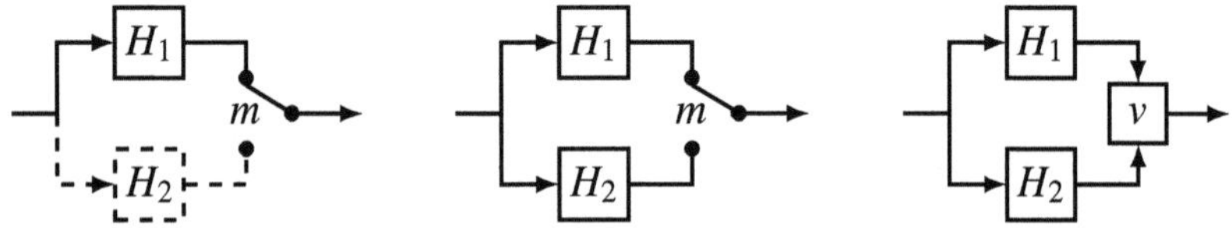

a) kalte Redundanz b) heiße Redundanz c) heiße Redundanz mit Voter

H = Rechenknoten, Steuergerät; m = Multiplexer; v = Voter

Abbildung 2.12: DMR auf Prozessor- oder Rechnerebene

anwendbar, da Daten zwar neu berechnet und neu übertragen, aber nicht aus der Vergangenheit angefordert werden können.

Der erforderliche Umfang redundanter Informationen zur Erkennung und Behandlung von Fehlern wird durch die **Hamming-Distanz** h beschrieben. Diese bezeichnet die Mindestanzahl unterschiedlicher Stellen zwischen zwei gültigen Codewörtern. Bei einer Hamming-Distanz h sind $h - 1$ Fehler erkennbar und $\lfloor \frac{h-1}{2} \rfloor$ Fehler korrigierbar. Redundanzfreie Codes weisen eine Hamming-Distanz von $h = 1$ auf, da jede Veränderung ein gültiges Codewort hervorbringt. Die Absicherung jedes einzelnen Bits durch ein Kontrollbit führt zu einer Hamming-Distanz von $h = 2$ und ermöglicht die **Erkennung** von Einzelfehlern pro Zwei-Bit-Paket. Zur **Fehlerkorrektur** ist ein weiteres Kontrollbit, also eine Hamming-Distanz von $h = 3$ erforderlich. Selbiges gilt für die Zahl der Instanzen in parallel redundanten Systemen.

Durch eine zuverlässige Fehlererkennung kann die **Integrität** von Daten sichergestellt werden. Die anschließende Fehlerbehandlung bzw. -korrektur dient der **Zuverlässigkeit** der Funktion. Wird eine Funktionalität bei Fehlererkennung eingestellt, bezeichnet man sie als **fail-safe** oder **fail-silent**. Kann sie trotz eines Fehlers fortgesetzt werden, wird sie **fail-operational** genannt.

Mehrfachredundanz ermöglicht ein hohes Maß an Zuverlässigkeit auch bei einer hohen Rate transienter Fehler. Sie führt allerdings zu einem großen **Overhead** bzw. einem hohen **Redundanzgrad** mit entsprechenden Kosten. Wie in Abschnitt 2.2.2 gezeigt, bewirkt ein hoher Redundanzgrad in der Regel keine wesentliche Verbesserung der Zuverlässigkeit und mittleren Lebensdauer. Da in

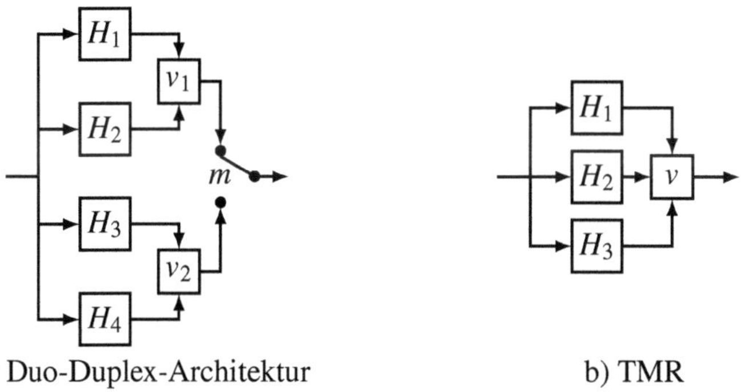

H = Rechenknoten, Steuergerät; m = Multiplexer; v = Voter

Abbildung 2.13: Duo-Duplex-Architektur und TMR auf Prozessor- oder Rechnerebene

realen, sicherheitskritischen Anwendungen zudem eine geringe Fehlerrate vorausgesetzt werden kann, können unabhängige Mehrfachfehler in vielen Fällen ignoriert werden, vgl. ISO 26262-5, C.1.2 [40]. Daher wird die Minimierung des Overheads bei Aufrechterhaltung der Fehlertoleranz angestrebt. Dies kann durch die Absicherung vieler Daten oder Kanäle durch wenige Reserveinstanzen oder Kontrollinformationen erfolgen.

Tabelle 2.1 ordnet jeder Domäne statische und dynamische Fehlertoleranzkonzepte auf Hardware- und Softwareebene zu. Die einfachste parallele Redundanzstruktur für Datenverarbeitungseinheiten wie Prozessoren und Rechnersysteme besteht in deren Duplikation und wird daher als **Duplex-Architektur** oder **Dual Modular Redundancy (DMR)** bezeichnet, vgl. Abbildung 2.12. Wird die Reserveinstanz erst bei Bedarf aktiviert, handelt es sich um eine dynamische Form der Redundanz, die auch als **kalte Redundanz** bezeichnet wird (a). Bei statischer Implementierung sind beide Instanzen permanent aktiv, was auch **heiße Redundanz** genannt wird (b). Kalte Redundanz spart im Vergleich zur heißen Redundanz Energie und ermöglicht eine längere mittlere Lebensdauer, vgl. Abschnitt 2.2.2. Sie bringt allerdings im Fehlerfall eine gewisse Totzeit (engl. *Failover Delay*) mit sich, die nicht für alle Anwendungen akzeptabel ist.

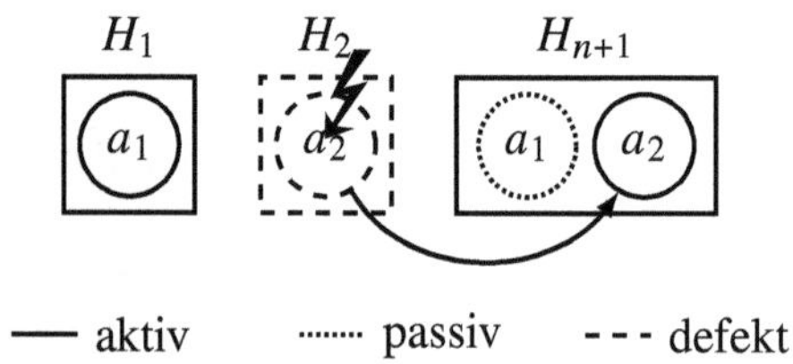

H = Rechenknoten, Steuergerät; a = Applikation

Abbildung 2.14: Dynamische Fehlertoleranz mit generischen Knoten und unterschiedlichen Applikationen

Parallele Redundanz erfordert eine **Auswahlinstanz** bzw. einen **Multiplexer** m zur Arbitration der redundanten Einheiten. Überwacht diese das System auf Grundlage nicht inhaltlicher Parameter wie Heartbeat, Vitalwert oder Periodizität, kann sie bei Ausfall der primären Instanz zur sekundären wechseln. Dieses Verfahren eignet sich insbesondere zur Behandlung permanenter Hardwareausfälle. Vergleicht sie dagegen die Inhalte der Daten, ist sie in der Lage, neben Verletzungen der Zuverlässigkeit auch Verletzungen der Integrität festzustellen und eignet sich somit zur Erkennung transienter Störungen auf Datenebene. Statische DMR mit Vergleich kommt beispielsweise beim Lockstep-Betrieb auf Prozessorebene zum Einsatz. Bei der Sicherheitsbetrachtung parallel redundanter Systeme ist die Zuverlässigkeit der Auswahlinstanz von entscheidender Bedeutung, da sie sich in serieller Abhängigkeit zu den eigentlichen Funktionsinstanzen befindet, vgl. Abschnitt 2.2.2.

Die beiden Hardware-Arbitrationsverfahren lassen sich zur zweischichtigen **Duo-Duplex-Architektur** kombinieren. Hierbei werden zwei DMR-Systeme durch einen Multiplexer verbunden. In der entstandenen 2oo4-Struktur erfolgt die Fehlerdetektion auf DMR-Ebene, während die Fehlerkorrektur durch den Multiplexer erfolgt. Man beachte, dass die Duo-Duplex-Architektur trotz ihrer vier Parallelinstanzen nicht alle Zweifachfehler zuverlässig erkennt. Eine **Triplex-Architektur** bzw. **Tripple Modular Redundancy (TMR)** ist eine 2oo3-Struktur, die den Vergleich von drei Parallelinstanzen vorsieht. Die Auswahlinstanz wird als **Majority Voter** bezeichnet. Seine Hamming-Distanz von $h = 3$ ermöglicht der TMR die Erkennung von Zweifachfehlern und die Korrektur von Einzelfehlern.

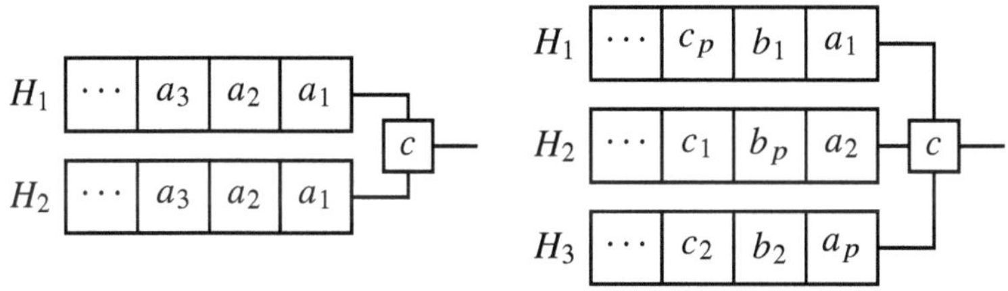

a) RAID 1 b) RAID 5

H = Speicherhardware; $a,b,c,\ldots$ = Datenblöcke; x_p = Paritätsdaten; c = RAID-Controller

Abbildung 2.15: Parallele, statische Speicherredundanz

Neben den beschriebenen Architekturen sind auf Prozessor- und Rechnerebene beliebige Ausprägungen von n-modularer bzw. k-aus-n-Redundanz möglich. Aus den in Abschnitt 2.2.2 beschriebenen Gründen sind sie jedoch in rein paralleler Form selten. Lässt sich eine Anwendung jedoch in zahlreiche gleichartige aber nicht funktionsidentische Softwareinstanzen parallelisieren, sind auch große Werte für k und n praktikabel. Beispiele hierfür lassen sich im IT- und Telekommunikationsbereich unter dem Begriff **Load Balancing** finden.

Die Speicherdomäne ermöglicht parallele Fehlertoleranz in Form von **Speicher-Arrays**. Eine verbreitete Implementierung hierzu lautet **Redundant Array of Independent Disks (RAID)**. Abbildung 2.15 zeigt die beiden häufigsten Varianten RAID 1 und RAID 5. RAID 1 implementiert parallele Redundanz durch Duplikation der Speicherhardware. RAID 5 stellt ein N+1-Konzept dar, indem es Datenblöcke mehrerer Speicherinstanzen durch einen Paritätsdatenblock auf einer weiteren Speicherinstanz sichert.

Auf Netzwerkebene sind ebenfalls parallele und serielle Fehlertoleranzverfahren in statischer und dynamischer Ausprägung bekannt. Parallele Netzwerkredundanz wird als **Protection Switching** bezeichnet. Werden Daten statisch über zwei separate Netzwerkpfade dupliziert, nennt man das **1+1-Protection**. Wird der redundante Netzwerkpfad erst bei Ausfall des primären aktiviert, wird dies als **1:1-Protection** bezeichnet. Eine entsprechende Netzwerktopologie kann durch Duplikation der ursprünglichen Grundtopologie erzeugt werden. Abbil-

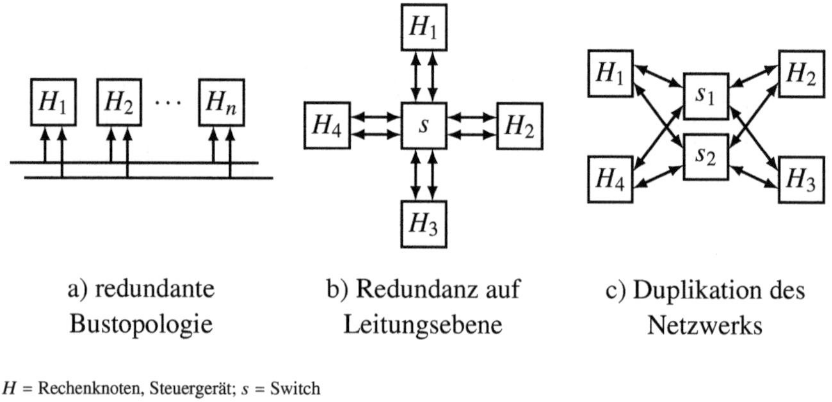

Abbildung 2.16: Fehlertolerante Netzwerktopologien

dung 2.16 zeigt Beispiele für eine redundante Bustopologie (a, vgl. FlexRay), Redundanz auf Leitungsebene (b, vgl. Link Aggregation) und die Duplikation des gesamten Netzwerks (c, vgl. Avionics Full-Duplex Switched Ethernet (AFDX), Parallel Redundancy Protocol (PRP), Time-Triggered Ethernet (TTE)).

Eine Besonderheit stellt die **Ring-Topologie** dar, die z. B. in den Ethernet-basierten Standards High-Availability Seamless Redundancy (HSR), Frame Replication and Elimination for Reliability (FRER) und Serial Real-Time Communication System (SERCOS) III spezifiziert wurde, vgl. Abbildung 2.16a. Ringnetzwerke können deutlich kostengünstiger ausgelegt werden als parallel redundante Topologien, da sie mit einer einzigen zusätzlichen Verbindung auskommen, vgl. N+1-Redundanz. Allerdings können sie ungünstige Skalierungs-Eigenschaften in Bezug auf Bandbreite und Latenz aufweisen. Abbildung 2.16b zeigt eine Variante der Ring-Topologie, die nicht aus Netzwerkknoten, sondern Switches besteht, welche einfach mit den Endgeräten verbunden sind. Im Gegensatz zu den bislang beschriebenen Ansätzen kommt diese Topologie ohne **Multi-Port Devices** aus, schützt die Knoten jedoch nicht vor Störungen in den äußeren Verbindungen. Die Struktur wird von den Standards MRP und ERPS sowie zahlreichen proprietären Systemen unterstützt [55, 104, 20].

Fehlertoleranz kann auch in **komplexen Netzwerken** dargestellt werden, vgl. Abbildung 2.17c. Beispiele hierfür sind die Protokolle Rapid Spanning Tree

Protocol (RSTP) und Shortest Path Bridging (SPB), aber auch das Internet Protocol (IP).

Serielle Redundanz in Speicher und Kommunikation kann durch Vervielfachung der Informationen (Wiederholungscode) oder Erweiterung um codierte Paritätsbits bzw. Prüfsummen erfolgen. Besitzt ein Datensatz ausreichend Redundanz, um verfälschte Informationen zu rekonstruieren, nennt man dies einen **ECC** und bezeichnet den Vorgang als **Vorwärtsfehlerkorrektur (engl. *Forward Error Correction*) (FEC)**. Werden Fehler mittels eines **EDC** lediglich erkannt, können Informationen nachgefordert werden, was als **automatische Wiederholungsanforderung (engl. *Automatic Repeat reQuest*)(ARQ)** bezeichnet wird. Das Forschungsfeld der Kodierungstheorie hat optimierte Fehlererkennungs- und -korrekturcodes wie den Cyclic Redundancy Check (CRC) oder den Reed-Solomon-Code (RS-Code) hervorgebracht, die eine effiziente Fehlerbehandlung mit geringerem Overhead erlauben.

Statische, serielle Redundanz im Programmablauf erfordert die wiederholte Ausführung einer Instruktion oder eines Programmteils mit anschließendem Vergleich. Für die reine **Datenverarbeitung** im algorithmischen Sinne sind keine allgemeinen EDC oder ECC bekannt. Fehlererkennung ohne parallele Redundanz ist in der Datenverarbeitung nur durch eine applikationsspezifische Plausibilitätprüfung möglich. Diese ermöglicht dynamische, serielle Fehlertoleranz

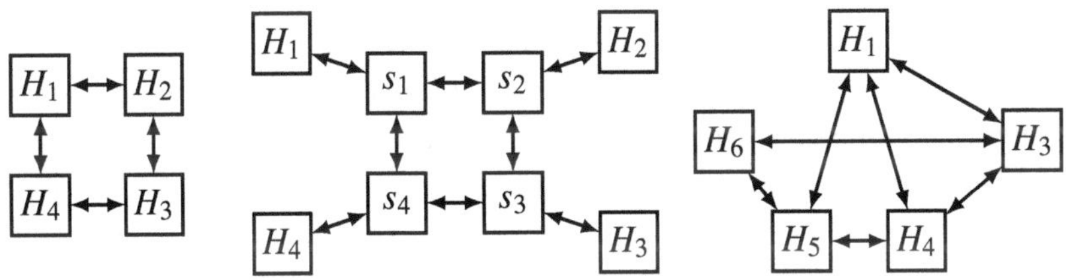

a) Ring-Topologie b) Stern-Ring-Topologie c) Komplexes Netzwerk

H = Rechenknoten, Steuergerät; s = Switch

Abbildung 2.17: Fehlertolerante Netzwerktopologien (Fortsetzung)

durch die Rückkehr zu einem zuvor angelegten Checkpoint (**Checkpointing + Rollback**). [44, 94]

Eine weitere Fehlertoleranz-Strategie ist der abgestufte Ausfall bzw. die **sanfte Degradation** (engl. ***Graceful Degradation***). Sie besteht darin, bei einem Schaden nur Teile der Funktionalität aufrechtzuerhalten, etwa durch ein paralleles Notfallsystem [8] oder durch Umwidmung von Ressourcen nicht sicherheitskritischer Funktionen zugunsten sicherheitskritischer [108]. Da nicht die gesamte Funktionalität garantiert werden muss, kann diese Strategie sehr ressourceneffizient dargestellt werden. Sie ist daher ein verbreitetes Verfahren in Systemen mit gemischter Kritikalität (engl. *Mixed Criticality*).

2.3 E/E-Architekturen im Automobilbereich

Der kontinuierliche Ausbau elektrischer und elektronischer Anwendungen im Automobil hat ein eigenes Subsystem hervorgebracht, das als E/E-Architektur bezeichnet wird. Ihre älteste und einfachste Form ist die **verteilte Architektur**: eine lose Struktur von Steuergeräten, die applikationsspezifisch über Signalleitungen und Busse miteinander verbunden sind. Jede Funktion wird durch ein separates Steuergerät repräsentiert. Um ihre Kommunikation besser zu strukturieren, wurden sie in Domänen zusammengefasst und jeweils über einen Domänenbus miteinander verbunden. Typische Domänen sind Antriebsstrang, Karosserie, Fahrwerk, Infotainment und Advanced Driver-Assistance System (ADAS). Ein zentrales Gateway ermöglicht den Informationsaustausch zwischen den Domänen. Diese **verteilte Domänenarchitektur** oder **Gateway-Architektur** stellt den derzeit häufigsten E/E-Architekturansatz dar [58, 51]. Sie verwendet meist mikrocontrollerbasierte Steuergeräte, einen Softwarestack auf Basis von AUTOSAR und Bussysteme wie Local Interconnect Network (LIN), Controller Area Network (CAN) und FlexRay. Beispiele sind die Scalable Executive-Class-Architektur von Audi [70] oder die Base2017-Architektur von EDAG [51].

Diese klassischen Architekturansätze besitzen jedoch ungünstige Skalierungseigenschaften: Zusätzliche Funktionsanforderungen erfordern weitere Steuergeräte sowie Änderungen am Kabelbaum. Daher führt die zunehmende Komplexität zu einem unübersichtlichen Kabelgeflecht und einer großen Zahl an Steuergeräten. Einige Modelle umfassen über 100 Steuergeräte [110] und erreichen eine Gesamtkabellänge von über 3 km mit einem Gewicht von über 60 kg [76, 72]. Da zudem der Kabelbaum einen hohen manuellen Fertigungsaufwand aufweist, bildet die E/E-Architektur eine der teuersten und schwersten Bauteilgruppen moderner Personenkraftwagen (PKW) [85, 76].

Aus diesem Grund arbeitet die Automobilindustrie seit einigen Jahren an der Konsolidierung von Funktionen in zentrale Domänen-Steuergeräte. Beispiele für diese **zentralisierte Domänenarchitektur** oder **Domänencontroller-Architektur** sind die STAR3-Architektur von Daimler [87], die E^3-Architektur von VW [26, 103, 23, 24] und die SPA2-Plattform von Volvo [26]. Dieser Ansatz ermöglicht neben der Kosten- und Gewichtseinsparung die flexible, softwarebasierte Implementierung zusätzlicher Funktionalitäten unabhängig vom Hardwareumfang.

Trotz der Hardwarekonsolidierung erstrecken sich die Domänennetzwerke jeweils über große Teile des Fahrzeugs und schaffen so eine unbeabsichtigte Redundanz. Zur weiteren Optimierung streben zahlreiche OEM eine Konsolidierung nach geometrischen statt funktionalen Kriterien an. In einer solchen **Zonenarchitektur** fassen Domänen-übergreifende Zonencontroller die Kommunikations- und Steuerungsaufgaben aller Funktionseinheiten einer Zone wie Front, Heck oder Türen zusammen [51]. Ein zentraler Server übernimmt fahrzeugübergreifende Aufgaben sowie die Kommunikation mit dem Fahrer und der Außenwelt. Neue Hersteller, die über weniger bestehende Strukturen verfügen, setzen diese Technologie bereits ein. So gelang es Tesla, den Kabelbaum mit dem Model 3 gegenüber dem Model S/X um 50 % und mit dem Model Y um weitere 30 % zu reduzieren [72]. Der chinesische Hersteller BYD stellte fünf Jahre darauf mit der e-platform 3.0 ein vergleichbares Konzept vor [26]. Zahlreiche etablierte OEMs planen die Einführung der Zonenarchitektur in den nächsten Jahren [99, 72].

Eine wesentliche technologische Herausforderung der Zonenarchitektur ist die Integration sicherheitskritischer und nicht sicherheitskritischer Anwendungen auf derselben Hardware. Derartige Systeme werden als **Mixed-Criticality-Systeme** bezeichnet und sind Gegenstand zahlreicher Forschungsvorhaben

[67, 12, 69]. Langfristig erwarten Experten die weitere Integration der E/E-Architekturen zu einer **Zentralarchitektur** sowie die verstärkte Auslagerung von Funktionalitäten in die Cloud [16].

2.4 Serviceorientierte Architekturen

Die zunehmende Integration von Funktionalitäten in zentrale Rechenknoten und die Einführung moderner Fahrerassistenzsysteme (ADAS) beeinflussen die in E/E-Architekturen eingesetzten Technologien. Mikrocontroller (engl. *Microcontroller Units*) (MCUs) werden den hohen Anforderungen an Rechenleistung oftmals nicht mehr gerecht. Daher werden sie zunehmend durch leistungsstärkere Einheiten wie Prozessoren (engl. *Central Processing Units*) (CPUs), Systems on Chip (SoCs) oder Multiprocessor Systems on Chip (MPSoCs) ersetzt [9, 35]. Der wachsende Bedarf an Bandbreite führt verstärkt zum Einsatz von Automotive Ethernet (AE), besonders in der Backbone-Kommunikation [98]. Zudem erfordert die Vielzahl vernetzter Applikationen zusätzliche Abstraktionsschichten auf Softwareebene, wie echtzeitfähige Betriebssysteme oder **serviceorientierte Architekturen (SOA)**. Letztere ermöglichen die Vernetzung von Softwarekomponenten über Hardwaregrenzen hinweg. Eine **Middleware** zwischen Applikationsschicht und Netzwerk schafft einen virtuellen Raum, in dem sich **Dienste (engl. *Services*)** plattformunabhängig miteinander verbinden können. Die Vernetzung erfolgt dynamisch zur Laufzeit und erlaubt die Rekonfiguration des Systems sowie die Integration neuer Dienste. [75, 52]

Ein Beispiel für einen serviceorientierten Softwarestandard im Automobilbereich ist die **AUTOSAR Adaptive Plattform** [4]. Sie wurde 2017 als Erweiterung der etablierten **AUTOSAR Classic Plattform** [5] veröffentlicht und unterstützt die Middleware-Implementierungen Scalable Service-Oriented Middleware over IP (SOME/IP) [6] und Data Distribution Service (DDS) [62]. Der Standard ermöglicht die Kommunikation sowohl mit hochintegrierten Rechenplattformen als auch mit klassischen, MCU-basierten Steuergeräten. Im Gegensatz zur signalorientierten Fahrzeugkommunikation erfolgt der Datenaustausch direkt zwischen Sender und Empfänger und findet daher nur statt, wenn

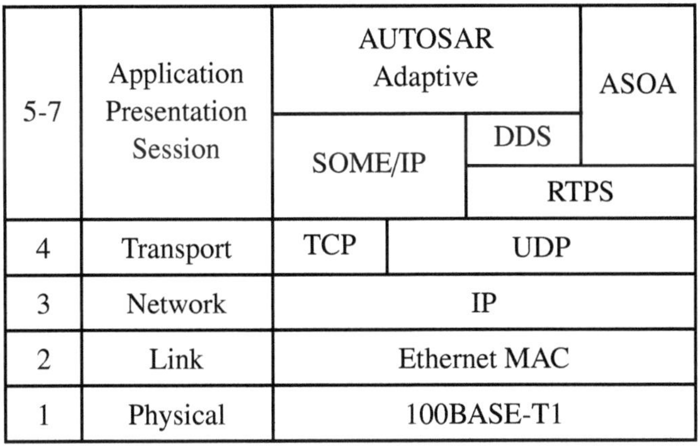

Abbildung 2.18: Serviceorientierte Architekturen im OSI-Schichtenmodell

es mindestens einen Datenabnehmer gibt. Abbildung 2.18 ordnet die genannten Protokolle im Open Systems Interconnection (OSI)-Schichtenmodell ein.

Im Rahmen des Projekts UNICAR*agil* wurde die **Automotive Service Oriented Architecture (ASOA)** entwickelt [54]. Diese basiert auf dem RTPS-Standard [63] und unterstützt sowohl eingebettete als auch POSIX-basierte Systeme [42]. Ein Alleinstellungsmerkmal von ASOA ist ihr Open-Source-Charakter, was sie besonders für öffentlich geförderte Forschungsprojekte interessant macht. ASOA-Dienste kommunizieren über Schnittstellen in Form von **Anforderungen (engl. *Requirements*)** und **Garantien (engl. *Guarantees*)**. Der Datenaustausch kann sowohl periodisch als auch ereignisorientiert stattfinden. Ein zentraler **Orchestrator** erfasst alle Dienste im Netzwerk und veranlasst die Verknüpfung ihrer Schnittstellen. Bei Bedarf kann der Orchestrator Dienste aktivieren oder deaktivieren sowie ihre Vernetzung rekonfigurieren.

Jede Garantie veröffentlicht ihre Daten über einen **RTPS-Publisher**. Veranlasst der Orchestrator die Verbindung zweier Schnittstellen, erstellt die Dienstanforderung einen **Endpoint** mit entsprechendem **RTPS-Subscriber**. Publisher und Subscriber stellen RTPS-Netzwerkteilnehmer (engl. *Participants*) dar. Ihre Vernetzung erfordert einen zweistufigen **Discovery-Prozess**. Zunächst melden sich alle RTPS-Netzwerkteilnehmer per Broadcast über das Simple Participant

Discovery Protocol (SPDP) im Netzwerk an und machen einander bekannt. Anschließend wird die Verbindung per Simple Endpoint Discovery Protocol (SEDP) aufgebaut. Der Datenaustausch erfolgt mittels User Datagram Protocol (UDP). [41, 54]

2.5 Softwareagenten

Programme, die eigenständig Aufgaben erfüllen können und dabei nicht unmittelbar auf Eingaben eines Benutzers angewiesen sind, bezeichnet man als **Agenten**. Im Gegensatz zu Daemons, die kontinuierlich im Hintergrund laufen und auf bestimmte Ereignisse oder Bedingungen reagieren, können Agenten auf Basis vorgegebener Algorithmen eigenständige Entscheidungen treffen und ohne äußeren Auslöser aktiv werden. Systeme aus zahlreichen interagierenden Agenten werden als **Multiagentensysteme (MAS)** bezeichnet. Sie können in zahlreichen Anwendungen zur Verwaltung und Optimierung komplexer, dynamischer Systeme eingesetzt werden, wie z. B. im Energiemanagement [32], im Gesundheitswesen [79] oder im Finanzwesen [19]. Auch in der industriellen Steuerungstechnik konnte gezeigt werden, dass agentenbasierte Systeme in der Lage sind, die Zuverlässigkeit von technischen Anlagen zu verbessern [33]. Agenten, die zudem eigenständig zwischen Hosts migrieren können, werden als **mobile Agenten** bezeichnet.

3 Stand der Forschung

Nachdem die zum Verständnis dieser Arbeit erforderlichen Grundlagen beleuchtet wurden, geht das folgende Kapitel auf den Stand der Forschung ein. Es beschreibt zunächst die wichtigsten Forschungsvorhaben der letzten Jahre im Bereich der fehlertoleranten E/E-Architekturen. Anschließend wird der Stand der Forschung im Bereich der fehlertoleranten Multiagentensysteme erläutert. Zuletzt werden Ansätze aus Industrie und Forschung zur Fehlerprognose und proaktiven Fehlertoleranz in digitalen Systemen dargestellt. Die Analyse zeigt, dass trotz großer Fortschritte in den betreffenden Themenfeldern kein agentenbasiertes Konzept zur proaktiven Fehlertoleranz in automobilen E/E-Architekturen existiert.

3.1 Fehlertolerante E/E-Architekturen im Automobilbereich

Um die Jahrtausendwende wurde im Automobilsektor erstmals das Ziel verfolgt, Straßenfahrzeuge nicht mehr rein mechanisch, sondern über eine elektronische Schnittstelle zu steuern. In Anlehnung an die zu diesem Zeitpunkt in der Avionik bereits etablierte *Fly-by-Wire-Technologie* wurden in zahlreichen Projekten wie BASEMENT [36], DACAPO [74] und X-By-Wire [86] Ansätze für *Drive-by-Wire* erforscht. Diese stellten einen ersten Anwendungsfall für fehlertolerante E/E-Architekturen dar. Bereits 2002 präsentierte DaimlerChrysler mit der *EvoArch* eine evolutionäre E/E-Architektur, die bereits zahlreiche Self-X-Eigenschaften wie Selbstheilung und Selbstkonfiguration aufwies und als Vorläufer moderner dienstorientierter Architekturen in Straßenfahrzeugen betrachtet werden kann [38]. Allerdings bewegten sich diese Projekte noch im Labormaßstab. Die Entwicklung in den darauf folgenden Jahren bis in die Gegenwart wird in den nachfolgenden Abschnitten dargestellt.

D. Niedballa, *Proaktive Fehlertoleranz in verteilten Echtzeitsystemen mit dynamischer Ressourcen-Reallokation*, Wissenschaftliche Reihe Fahrzeugtechnik Universität Stuttgart, https://doi.org/10.1007/978-3-658-48790-4_3

3.1.1 PEIT

Im Projekt Powertrain Equipped with Intelligent Technology (PEIT) kam erstmals ein fehlertolerantes Drive-by-Wire-System in einem realen Fahrzeug zum Einsatz. Unter Federführung von Gernot Spiegelberg (DaimlerChrysler AG) entwickelte zwischen 2001 und 2004 ein Konsortium von zahlreichen Vertretern aus Industrie und Forschung eine neuartige, mehrschichtige E/E-Architektur. Kern war ein redundantes Drive-by-Wire-System mit fehlertoleranter Energieversorgung und Kommunikation über CAN. Ein zentraler, ebenfalls redundant ausgelegter Powertrain Controller (PTC) nahm von der darüber liegenden Fahrer-Schnittstelle einen sogenannten *Motion Vector* entgegen. Dieser verallgemeinert den Fahrerwunsch und ermöglichte die saubere Eingliederung von Fahrerassistenzsystemen, wie sie im Nachfolgeprojekt SPARC entwickelt wurden. [97]

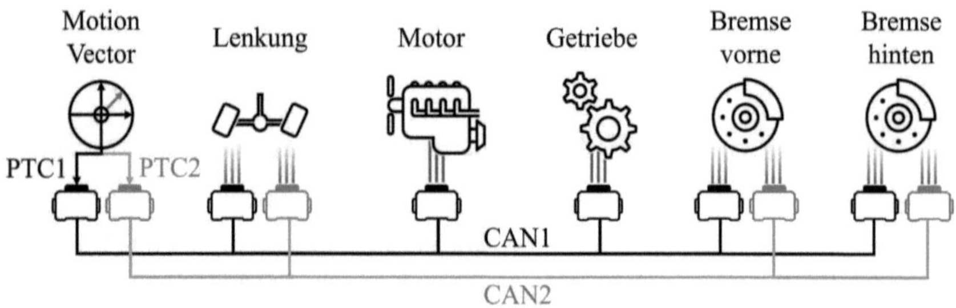

Abbildung 3.1: Redundantes Drive-by-Wire-System des Forschungsprojekts PEIT [96]

3.1.2 SPARC

Aufbauend auf den Ergebnissen von PEIT wurde im Anschlussprojekt Secure Propulsion using Advanced Redundant Control (SPARC) von 2004 bis 2007 die Drive-by-Wire-Plattform weiterentwickelt und um Fahrerassistenzsysteme erweitert. Ziel war es, prädiktiv-aktive Verkehrssicherheit durch Assistenzsysteme für Lastkraftwagen (LKW) und PKW zu erhöhen. Die E/E-Architektur von SPARC ermöglichte die Fusionierung von Sensordaten sowie mehrerer

Assistenzsysteme, wodurch ein *virtueller Beifahrer* geschaffen wurde, der einen sicheren Bewegungsvektor vorschlug. Im Notfall konnte dieser redundant zum Fahrer ins Fahrgeschehen eingreifen, um Unfälle zu vermeiden.

Das Kernnetzwerk bestand wie beim Vorgängerprojekt aus zwei parallelen Kommunikationsbussen (rot und blau), die alle Sensoren, Aktoren und Steuergeräte im Fahrzeug verbanden. Als Basistechnologie wurde FlexRay statt CAN gewählt. Zwei Universal Control Computer (XCC) ermöglichten die softwarebasierte Implementierung zahlreicher Fahrfunktionen. Die meisten Sensoren und Aktoren waren als Simplex Aggregate ausgelegt und nur mit einem Bus verbunden. Zentralcomputer und Mensch-Maschine-Interface (MMI) hatten Zugriff auf beide Netzwerke. [71]

Der Sicherheitsmechanismus beruhte auf den beiden baugleichen XCC, die wiederum jeweils zwei redundante Instanzen enthielten, wodurch ein Duo-Duplex-System entstand. Trat in einem der Subsysteme ein Fehler auf, wurde der entsprechende XCC sofort deaktiviert. Die redundante Instanz erkannte den Ausfall und führte eine Rekonfiguration durch, indem sie die darauf laufende, weniger kritische Anwendung A2 durch die sicherheitskritische Anwendung A1 ersetzte. Letztere wurde für diesen Fall bereitgehalten (passive Redundanz). Durch die Rekonfiguration entstand kurzfristig eine Funktionseinschränkung im nicht sicherheitskritischen Bereich (*Graceful Degradation*). Um wieder zum vollen Funktionsumfang zurückzukehren, wurde – falls möglich – die fehlerhafte Instanz neu gestartet und A2 anschließend dort aktiviert. [73, 3]

3.1.3 RACE

Ab 2012 wurde die Projektreihe abermals fortgesetzt mit dem Projekt Robust and reliable Automotive Computing Environment for future eCars (RACE). Die weiterentwickelte E/E-Architektur basierte auf einer zentralen Rechenplattform, die über ein Netzwerk aus einem oder mehreren Ethernet-Ringen mit den intelligenten Sensoren und Aktoren des Fahrzeugs verbunden war. Die Rechenplattform bestand aus einem skalierbaren Verbund generischer, intern redundant aufgebauter Duplex Control Computer (DCC), die sich selbst überwachten und vertraten, um auf diese Weise ihre Integrität und Zuverlässigkeit sicherzustellen. Im Gegensatz zu den XCC in SPARC war ihre Zahl jedoch

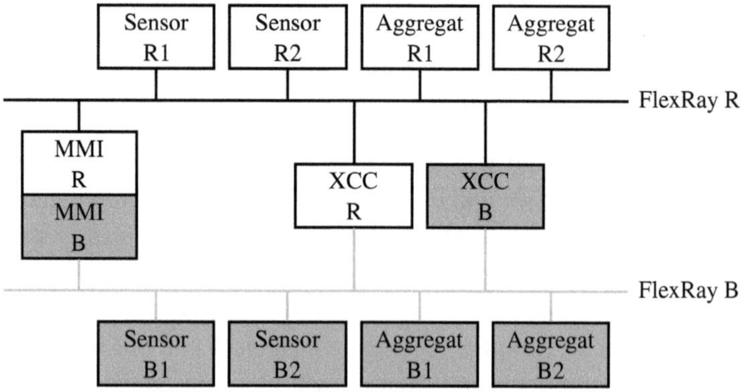

Abbildung 3.2: Redundante E/E-Architektur des EU-Projekts SPARC [71]

nicht auf zwei begrenzt, sondern konnte frei dimensioniert werden. Alle Netzwerkteilnehmer besaßen eine einheitliche Laufzeitumgebung, die mittels einer Middleware einen serviceorientierten Softwareansatz ermöglichte.

Die Ringtopologie ermöglichte das zeitgleiche Versenden eines Pakets in beide Richtungen und gewährleistete durch anschließenden Vergleich Integrität und Zuverlässigkeit auch auf der Kommunikationsstrecke. Da eine solche Topologie nicht von den gängigen Ethernet-Standards unterstützt wird, war eine proprietäre Implementierung in programmierbarer Logik erforderlich. Diese ermöglichte auch die Unterstützung der Timing-relevanten Standards Time-Sensitive Networking (TSN) und Precision Time Protocol (PTP). Alle Netzwerkteilnehmer besaßen mindestens zwei Ethernet-Schnittstellen, mittels derer sie zu einer ringförmigen Kette verbunden wurden. Jeder Teilnehmer entnahm die ihn betreffenden Pakete und reichte die restlichen an die nächsten Netzwerkteilnehmer weiter. Vorteil einer solchen Konfiguration ist der Verzicht auf separate Switches, wodurch Hardware eingespart werden kann und kein SPoF entsteht. Außerdem ermöglicht die Ringtopologie Fehlertoleranz mit geringem Overhead, vgl. Abschnitt 2.2.2. Allerdings ist die Skalierbarkeit eines solchen Systems begrenzt. [95, 46]

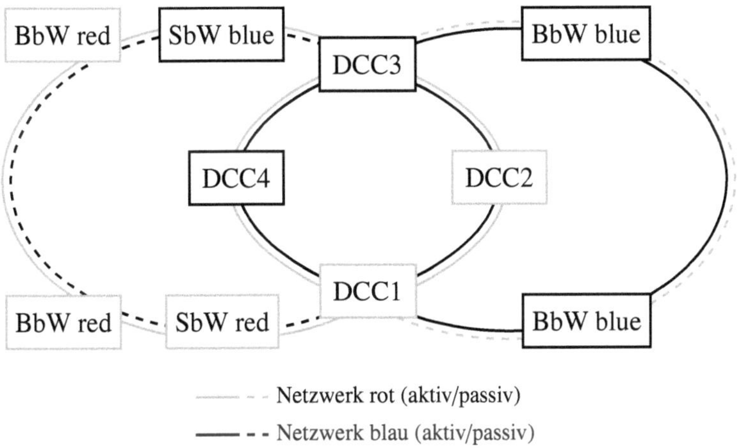

Abbildung 3.3: Ringtopologie im Kommunikationsnetzwerk von RACE [95]

3.1.4 SafeAdapt

Als 2013 mit dem Projekt Safe Adaptive Software for Fully Electric Vehicles (SafeAdapt) die Projektreihe erneut fortgesetzt wurde, sollte eine Softwareplattform geschaffen werden, die die in RACE erarbeiteten adaptiven Technologien auf beliebigen Hardwareplattformen zugänglich macht. Ziel war es, eine Softwarearchitektur zu entwickeln, die sich in Fehlersituationen dynamisch anpasst. Der AUTOSAR-Standard stellte hierfür die geeignete Grundlage dar. Ein darauf befindlicher Safe Adaptation Platform Core (SAPC) überwachte die eigene Hardware und informierte die anderen Rechenplattformen über den eigenen Vitalzustand, indem er periodisch einen *Health-Vector* an die anderen Netzwerkteilnehmer verschickte, der somit als *Heartbeat* fungierte. Bei Eintritt eines Fehlers führten alle Rechenknoten gleichzeitig eine entsprechende, vorab berechnete Rekonfiguration durch. Dies ermöglichte ein deterministisches Systemverhalten ohne SPoF. Durch Deaktivierung nicht sicherheitskritischer Applikationen zugunsten solcher höherer Priorität konnte eine sanfte Degradation erzielt werden. Diese Eigenschaft erlaubt eine hohe Ressourcenausnutzung und geringen Overhead im Regelbetrieb.

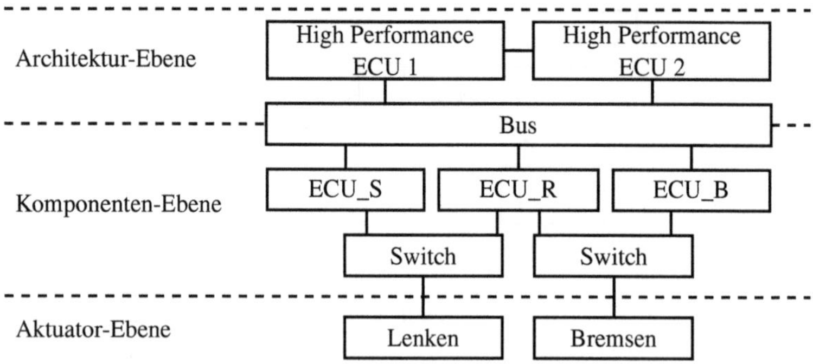

Abbildung 3.4: Fehlertolerante E/E-Architektur in AutoKonf [64]

Hardwareseitig wurde die E/E-Architektur um eine Trusted Multi Domain Platform (TMDP) erweitert, die dem DCC redundant zur Seite gestellt wurde und die Plattformunabhängigkeit des SafeAdapt-Softwarestacks demonstrieren sollte. Ebenso wurde der innere Netzwerkring mit der echtzeitfähigen Ethernet-Variante TTE ausgestattet.

Trotz der softwarebasierten Fehlertoleranz und der dynamischen Rekonfiguration im Fehlerfall stellt dieses Projekt einen relativ statischen Softwareansatz dar, da für jeden möglichen Fehlerfall vorab eine passende Rekonfiguration ermittelt und im System hinterlegt werden muss. Dies limitiert die Skalierbarkeit signifikant und erschwert Systemänderungen zur Laufzeit. Zudem handelt es sich bei AUTOSAR Classic um ein monolithisches, MCU-basiertes Konzept, das eine dynamische Softwareverwaltung, wie sie beispielsweise für Over the Air Updates (OTA) erforderlich ist, ausschließt. [77, 89, 105]

3.1.5 AutoKonf

Im Rahmen des Projekts Automatische rekonfigurierbare Aktorikansteuerungen für ausfallsichere automatisierte Fahrfunktionen (AutoKonf) wurde eine fehlertolerante Steuerungsarchitektur für *Steer-by-Wire-* und *Brake-by-Wire-Anwendungen* entwickelt. Kernidee war ein Universalsteuergerät, das die An-

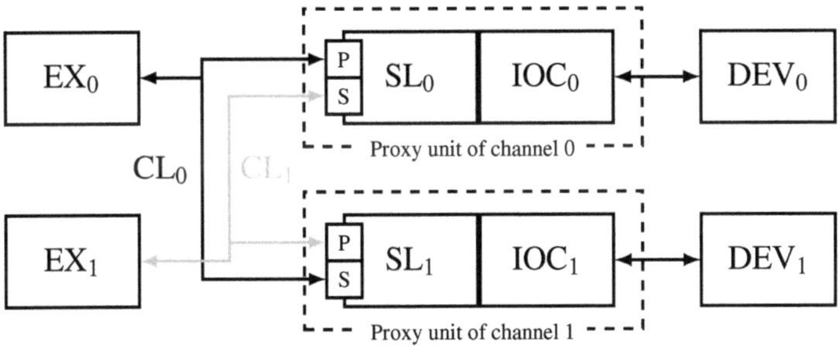

Abbildung 3.5: Fehlertolerantes Netzwerk mit intelligenten Peripherieknoten aus ARAMiS II [28]

steuerung sowohl der Lenkung als auch der Bremsen übernehmen konnte. Somit konnte Fehlertoleranz für beide Funktionen mit nur ca. 50 % Hardwareoverhead gewährleistet werden. AutoKonf weist einen stärkeren Hardwarebezug auf als SafeAdapt. Allerdings handelt es sich auch hier um ein vorkonfiguriertes, statisch redundantes System. Das Konzept ist auf den genannten Anwendungsfall begrenzt und lässt sich nur schwer auf andere Bereiche übertragen. [64, 61, 65]

3.1.6 ARAMiS I + II

Im Kontext der Forschungsprojekte Automotive Railway Avionics Multicore Systems (ARAMiS) I + II schlagen Dörr et al. eine mit AutoKonf vergleichbare Architektur vor. Allerdings positionieren sie die Arbitrierebene nicht zwischen Endstufe und Peripheriegerät, sondern zwischen Rechenknoten und Endstufe. Das macht die Struktur deutlich generischer, da jedem Endgerät (engl. *Device*) eine *Proxy Unit* aus dedizierter Endstufe (engl. *Input/Output Component*) (IOC) und Kommunikationseinheit mit Arbitrierlogik (engl. *Simplex Logic*) (SL) zugeordnet wird. Diese verbindet das Endgerät mit dem zweifach redundant ausgelegten Netzwerk und ermöglicht seine Ansteuerung über eine generische, fehlertolerante Schnittstelle. Außerdem überwacht die SL den Rechenknoten (engl. *Execution Unit*) EX_0. Reagiert dieser nicht oder unzureichend auf eine der periodischen Anfragen, diagnostiziert sie einen Ausfall und aktiviert Reserve-Applikationen auf dem nächsten Rechenknoten EX_1, der über ein separates

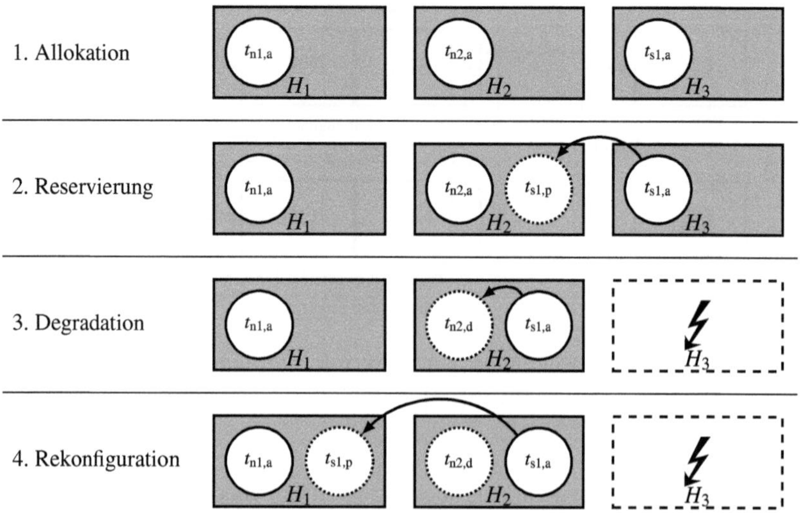

Abbildung 3.6: Fehlertolerantes Multi-Agenten-System von Weiss et al. [108]

Netz mit dem intelligenten I/O-Modul verbunden ist. In Versuchen konnte die Forschergruppe Failover-Zeiten von wenigen Millisekunden nachweisen.

Trotz der deutlichen Verbesserungen gegenüber AutoKonf ist die Arbeit stark einzelfallbezogen und lässt sich nicht auf eine umfassende E/E-Architektur ausweiten. Auch bei diesem Konzept handelt es sich um ein statisch vorkonfiguriertes System, das nicht kompatibel zu Methoden dynamischer Softwareverwaltung in zukünftigen Fahrzeuggenerationen ist. [12, 28, 27]

3.2 Fehlertolerante Multi-Agenten-Systeme

Weiss et al. präsentieren ein Fehlertolerantes Multiagentensystem (FTMAS) zur dynamischen Verschiebung von Diensten in einem automobilen Rechencluster. Jedem Task in dem serviceorientierten System ist ein Agent zugeordnet, der diesen aktivieren, mit anderen Diensten verbinden und bei Bedarf auch auf andere Knoten verschieben oder kopieren kann. Das System ist vollständig dezentral und enthält, abgesehen vom Netzwerk, keinen SPoF.

Abbildung 3.6 zeigt den Lebenszyklus eines Tasks. Dieser beginnt mit der Ressourcenallokation der sicherheitskritischen (t_s) und nicht sicherheitskritischen Tasks (t_n) auf unterschiedlichen Electronic Control Units (ECUs). Der sicherheitskritische Task legt im nächsten Schritt eine passiv-redundante Instanz von sich auf einem separaten Steuergerät an und sendet ihr ein kontinuierliches Heartbeat-Signal. Bleibt dieses aus, bedeutet das den Ausfall der ursprünglichen Instanz. Die Reserveinstanz beansprucht die Ressourcen des nicht sicherheitskritischen Tasks t_{n2} und nimmt den Betrieb auf. Im Anschluss wird der Mapping-Prozess neu gestartet. Durch die Einstellung nicht sicherheitskritischer Funktionen zugunsten sicherheitskritischer kommt es zu einer *Graceful Degradation*. Diese Strategie ermöglicht im Normalbetrieb die Nutzung von Reservekapazitäten und reduziert somit den Hardwareoverhead und mithin die Kosten der E/E-Architektur. [108]

Die Autoren simulieren dieses Konzept in einer Demonstrator-Plattform, basierend auf einem RaspberryPi-Cluster und der automobilkonformen Middleware SOME/IP [106]. Ausgehend von dieser Implementierung stellen sie umfangreiche Untersuchungen zu Checkpointing und Failover-Zeiten an. Dabei orientieren sie sich an simulierten Szenarien im Bereich automatisiertes Fahren. [107, 109]

Die Arbeiten dieser Forschungsgruppe konzentrieren sich auf die softwareseitige Umsetzung agentenbasierter Fehlertoleranz. Es werden nur Ausfälle in gleichartigen Rechenknoten betrachtet, eine Unterscheidung zwischen Rechenknoten und Input/Output-Knoten (I/O-Knoten) findet nicht statt. Auch auf Netzwerkausfälle und die daraus resultierenden Folgen für die Netzwerktopologie wird nicht eingegangen. Zudem bringt der reaktive Ansatz prinzipbedingt eine Failover-Zeit mit sich, die in einigen Fällen ein Sicherheitsrisiko darstellen kann.

3.3 Fehlerprädiktion und proaktive Fehlertoleranz

Im folgenden Unterkapitel wird gezeigt, dass Fehlerprädiktion und proaktive Fehlertoleranz möglich sind und in einigen Anwendungsfällen bereits kommerziell eingesetzt werden. Insbesondere im IT- und HPC-Bereich stehen hierzu umfangreiche Lösungen bereit. Daher geht der erste Abschnitt zunächst auf kommerzielle Ansätze proaktiver Fehlertoleranz in dieser Branche ein. Anschließend werden Forschungsarbeiten beschrieben, die sich sowohl auf IT- als auch auf Embedded-Anwendungen beziehen.

3.3.1 Kommerzielle Ansätze im IT- und HPC-Bereich

Im Bereich IT und Hochleistungsrechnen (engl. *High Performance Computing*) (HPC) [34] ist reaktive und proaktive Fehlertoleranz ein etablierter Lösungsansatz zur Optimierung von Gesamtleistung und Verfügbarkeit bei gleichzeitiger Minimierung von Overhead [111]. Insbesondere Speichermedien wie Festplattenlaufwerke und Solid State Disk (SSD)- bzw. Flash-Speicher besitzen standardmäßig integrierte Mechanismen zur Vorwärtsfehlerkorrektur sowie Reservesektoren, um technologiebedingte Unsicherheiten und Degradation auszugleichen. Obwohl diese Mechanismen nach außen hin transparent ablaufen und im Regelfall keine Auswirkung auf die Funktionalität haben, stellt die Aktivität von Fehlerkorrekturmechanismen einen Indikator für die Zuverlässigkeit des Gerätes dar. Daher hat sich die Softwareschnittstelle Self-Monitoring, Analysis and Reporting Technology (S.M.A.R.T.) als Industriestandard etabliert. Sie definiert Parameter, die einen Rückschluss auf den Gesundheitszustand und mögliche Verschleißerscheinungen von Speichermedien zulassen und ermöglicht System-Administratoren eine herstellerübergreifende Ausfallprognose zur proaktiven Außerbetriebnahme auffälliger Geräte [31].

Eine umfassende Studie aus dem Jahr 2010 [90] brachte hervor, dass der überwiegende Teil der Ausfälle in Rechenzentren auf Hardwarefehler zurückzuführen ist, wovon DIMM-Speichermodule einen bedeutenden Teil ausmachen. Daher werden in hochverfügbaren Rechnersystemen DRAM-Speicher und Caches mit ECC ausgestattet. Prüfsummenverfahren wie der CRC erkennen auch Fehler-Bursts und ermöglichen die Rückwärtsfehlerkorrektur in der Kommunikation. Sie kommen standardmäßig in den meisten Netzwerktechnologien zum Einsatz und können zur Sicherstellung der Integrität auch geräteintern verwendet werden, z. B. bei PCI Express (PCIe). Die Machine Check Architecture (MCA) stellt in x86/x64-basierten Systemen eine standardisierte Schnittstelle zur softwareseitigen Auswertung und Behandlung dieser Fehlerereignisse durch Tools wie RAS Daemon (Linux) oder die Windows Hardware Error Architecture (WHEA) bereit. Wiederholte Korrekturmaßnahmen deuten auch hier auf einen bevorstehenden Ausfall hin, dem das System durch vorbeugende Außerbetriebnahme (engl. *Predictive Deallocation*) zuvorkommen kann. Dies kann die automatische Deaktivierung von Speicherseiten (engl. *automatic Memory Page Retirement*)(MPR) oder die Reduktion paralleler Verbindungen (z. B. *Dynamic Lane Reduction*) bedeuten. Einige Systeme besitzen Reservekapazitäten in Form von Speicherbausteinen, Cache-Lines oder Bus-Lanes, die im Fehlerfall automatisch defekte Ressourcen ersetzen. Auch auf analoge Systemkomponenten wie die Spannungsversorgung oder die Kühlung kann dieses als Selbstheilung (engl. *Self-Healing*) bezeichnete Resilienzverfahren angewandt werden.

Im Gegensatz zu sicherheitskritischen Embedded Systems sind im IT- und HPC-Bereich Fehlererkennungs- und -korrekturmechanismen im Prozessorkern selten. Dies ist darauf zurückzuführen, dass, anders als in den Domänen Speicher und Kommunikation, keine Fehlererkennungs- und -korrekturcodes für Prozessoroperationen bekannt sind. Die einzige Möglichkeit, die Integrität eines Programmablaufs sicherzustellen, ist seine Vervielfältigung in Raum oder Zeit, siehe Abschnitt 2.2.3. Da sich dadurch die effektive Hardwareausnutzung auf einen Bruchteil reduziert, würde die ursprüngliche Intention der Effizienzmaximierung ad absurdum geführt.

Auch die darüber liegenden Softwareschichten können eine Quelle von Systemversagen darstellen. Eine engmaschige Systemüberwachung ist Voraussetzung für die frühzeitige Erkennung von abnormalem Softwareverhalten wie beispielsweise exzessivem Speicherverbrauch. Sie kann es System-Administratoren erlauben, geeignete Maßnahmen zu ergreifen, wie etwa den Neustart dysfunktionaler Softwarekomponenten oder die Behebung von Fehlkonfigurationen. Dafür stehen Tools wie *IBM Health Checker*, *VProbes*, *HP-UX Event Monitoring Service* (EMS) oder *Microsoft Operations Manager* zur Verfügung, die überwiegend schwellwertbasierte Methoden, teilweise aber auch Methoden des maschinellen Lernens einsetzen. Diese Lösungsansätze auf Grundlage von Software- bzw. Betriebssystemdaten machen einen Großteil der gängigen Verfahren zur Online-Fehlerprognose aus [66]. Können die genannten hardware- und softwarebasierten Maßnahmen einen drohenden Ausfall nicht abwenden, kann die Funktionalität durch proaktive Migration der betroffenen Prozesse bzw. virtuellen Maschinen (VMs) auf andere Knoten aufrechterhalten werden. Kann diese ohne Unterbrechung durchgeführt werden, spricht man von einer *Live-Migration.* Zahlreiche Softwaretools wie *vMotion*, *XenMotion* oder *Hyper-V Live Migration* mit *Failoverclustering* unterstützen diese Form proaktiven Fehlermanagements auf Systemebene.

3.3.2 Forschungsansätze im IT- und Embedded-Bereich

Die bedeutendsten Forschungsarbeiten zur kurzfristigen Fehlerprognose (engl. *Online Failure Prediction*) und proaktiven Fehlertoleranz im IT-Bereich wurden von den beiden Forschungsgruppen um Engelmann und Scott [56, 18, 102, 30] sowie um Salfner, Tröger und Polze [81, 82, 80, 66] zwischen 2006 und 2010 veröffentlicht. Ein umfassender Überblick über bekannte Methoden ist den Publikationen von Salfner [80] und Yang [111] zu entnehmen.

Das Team um die Autoren Salfner und Tröger stellt einen Ansatz zur proaktiven Fehlertoleranz im HPC vor. Ihre Methode zur Online-Anomalieerkennung basiert auf einem mehrschichtigen Verfahren und ermöglicht die Prognose kurzfristig bevorstehender Ausfälle. Hierbei werden zunächst verschiedene Systemparameter auf Hardware-, Virtualisierungs-, Betriebssystem- und Applikationsebene genutzt, um pro Schicht eine Fehlervorhersage zu erstellen. Aus diesen wird anschließend ein Gesamtindikator abgeleitet. Droht der Ausfall eines Rechenknotens, werden die betroffenen VMs auf einen anderen Host migriert.

In ihren Arbeiten beziehen sich die Autoren auf *Tracing* und *Performance Event Monitoring* als wichtigste Informationsquellen zu bevorstehenden Systemausfällen. Dabei konnten sie nachweisen, dass sich Hardwareschnittstellen, die ursprünglich zur Untersuchung des Laufzeitverhaltens von Software vorgesehen waren, im Kontext von Rechenzentren für die Fehlerprädiktion eignen. Um

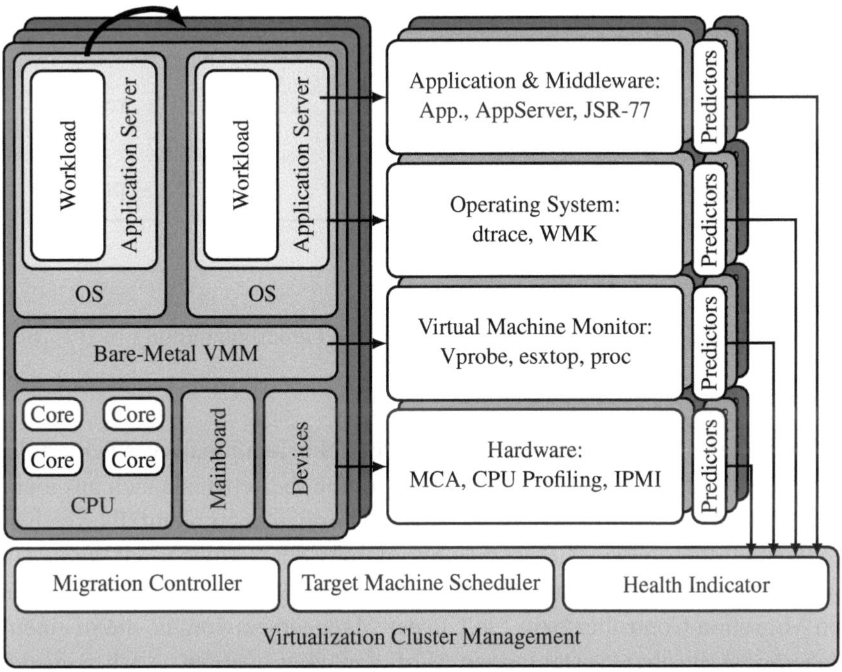

Abbildung 3.7: Proaktive VM Migration nach Polze, Tröger et al. [66]

Referenzdaten zu generieren, provozierten sie mittels Unterspannung Fehler in einem Prozessor (Fehlerinjektion). Die daraus entstandenen *Machine Check Exceptions* (MCE) wurden kurz vor dem Absturz geloggt und anschließend statistisch ausgewertet. Daraus leiteten sie einen Detektionsalgorithmus auf Grundlage des Rangsummentestverfahrens ab. In Versuchen konnte das Team bei einer False-Positives-Rate von 20 % eine True-Positives-Rate von bis zu 90 % erzielen. Dabei erreichten sie eine Vorwarnzeit von 5 bis 10 s, eine Blackout Time von ca. 1 s und eine Migrationsdauer von mindestens 20 s. [82, 66]

Andere Forschungsgruppen konnten diese Werte übertreffen. Wang et al. gelang es in Versuchen, Systemausfällen mit einer Vorwarnzeit von 1 bis 6,5 s durch proaktive Live-Migration zuvorzukommen [18]. Clark et al. konnten Live-Migrationen mit Unterbrechungszeiten von unter 60 ms nachweisen [21].

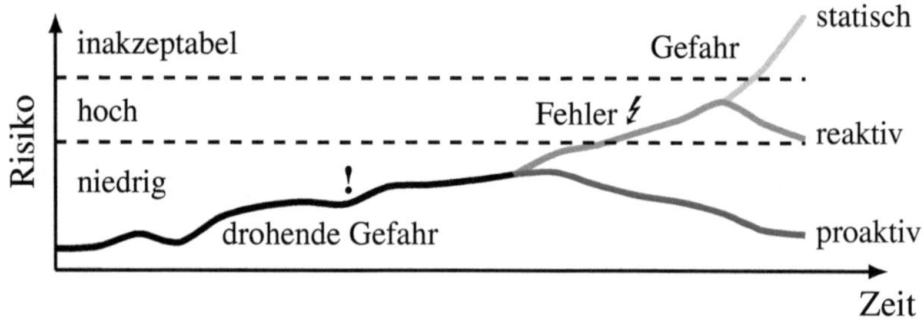

Abbildung 3.8: Ausfallprognose und proaktive Fehlerbehandlung in IPF [68]

Obwohl die Arbeiten eindrucksvoll die Möglichkeiten proaktiver Fehlertoleranz in verteilten Rechenclustern demonstrieren, beziehen sie sich auf nicht sicherheitskritische Anwendungen im HPC-Bereich unter allenfalls weichen Echtzeitanforderungen. Ziel ist die Optimierung der Verfügbarkeit durch Minimierung von Ausfallzeiten und Overhead. Das System setzt einen zentralen Migration Controller bzw. ein Cluster Management voraus, die in einem sicherheitskritischen System einen SPoF darstellen würden. Auch wird die Zuverlässigkeit des Netzwerks nicht berücksichtigt.

Die Teilnehmer des Projekts Information Processing Factory (IPF) präsentieren ein Konzept zur proaktiven Fehlertoleranz in sicherheitskritischen Many-Core-Systemen. Darin nutzen sie Tracing-Daten sowie Temperatur, Energieverbrauch und CPU-Last zur dynamischen Optimierung von Spannung und Frequenz sowie zur Verbesserung des Task-Mapping. Zudem ermitteln die Autoren mittels eines neuronalen Netzes das aktuelle Ausfallrisiko des Kerns. Übersteigt dieses ein kritisches Niveau, wird der betreffende Task proaktiv auf einen anderen Kern migriert. Nicht sicherheitskritische Tasks werden ggf. herunter priorisiert (*Graceful Degradation*). In Experimenten konnte das Team Vorwarnzeiten von bis zu 20 ms ermitteln.

Das beschriebene System bezieht sich ausschließlich auf Many-Core-Systeme und lässt sich in der vorliegenden Form nicht auf automobile Zonenarchitekturen übertragen, da das Verfahren auf Prozessor-interner Task-Migration durch Reallokation von Rechenkernen bzw. *Tiles* beruht. Zudem setzt es auf

Task-Ebene an, nicht auf Dienste-Ebene, sodass sich keine Lösungsansätze für die Reorchestrierung migrierter Dienste ergeben. Zuletzt beruht das System auf einem zentralen System-Controller, der einen strukturellen SPoF darstellt. Die Analyse zeigt, dass eine zuverlässige Online-Fehlerprognose in digitalen Systemen durchaus möglich ist, derzeit aber kein vergleichbarer Ansatz im Automobilbereich vorliegt.

4 Konzeption

Nachdem im vorangegangenen Kapitel der Forschungsbedarf an proaktiver Fehlertoleranz in automobilen E/E-Architekturen aufgezeigt und die Plausibilität des Ansatzes nachgewiesen wurde, wird im folgenden Kapitel ein entsprechendes Konzept präsentiert. Dieses besteht aus drei Teilen: einer Methode zur Fehlerprädiktion, einer Methode zur dezentralen Fehlerbehandlung durch agentenbasierte Ressourcen-Reallokation sowie dem Konzept einer dazu kompatiblen E/E-Architektur. Diese Konzepte werden in den folgenden drei Unterkapiteln beschrieben.

4.1 Methode zur Fehlerprädiktion

Die in dieser Arbeit beschriebene Methode setzt ein zuverlässiges Frühwarnsystem für drohende Systemausfälle voraus. Daher beschreibt das folgende Unterkapitel einen modellbasierten Ansatz zur Fehlerprognose in eingebetteten Systemen, der diese Methode unterstützt. Dabei werden ausschließlich intrinsische, also aus dem System selbst hervorgehende Fehler betrachtet.

4.1.1 Erweiterung des Fehlermodells

Systemausfälle treten nicht spontan auf, sondern sind das Ergebnis vorausgehender, innerer Zustandsänderungen. Während ihr äußeres Verhalten diskret erscheint, ist der innere, physische Aufbau auch digitaler Systeme stets analoger Natur. So beruht jedes digitale Signal auf analogen Spannungswerten, erzeugt von Bauteilen mit kontinuierlichen elektrischen, thermischen, chemischen und geometrischen Eigenschaften. Jede dieser Eigenschaften besitzt eine Spezifikation, innerhalb derer sie zur Systemfunktionalität beiträgt. Verlässt ein Parameter seinen spezifizierten Bereich, stellt dies eine Fehlerursache (engl. *Fault*) dar. Sie kann zu Fehlfunktionen (engl. *Errors*) und schließlich zum Ausfall (engl.

D. Niedballa, *Proaktive Fehlertoleranz in verteilten Echtzeitsystemen mit dynamischer Ressourcen-Reallokation*, Wissenschaftliche Reihe Fahrzeugtechnik Universität Stuttgart, https://doi.org/10.1007/978-3-658-48790-4_4

Failure) führen. Diese innere Kausalkette bietet einen Ansatzpunkt zur Antizipation hardwarebasierter Fehler.

Die in Kapitel 4 beschriebenen Regeln der allgemeinen Zuverlässigkeitsberechnung setzen Module voraus, die einen binären Vitalzustand besitzen und mit einer Ausfallrate λ vom Zustandswert *funktionsfähig* (1) zu *ausgefallen* (0) wechseln.

$$V \in \{0, 1\} = \mathbb{B} \qquad \text{Gl. 4.1}$$

Ist ein Modul von mehreren Komponenten abhängig, wird sein Vitalwert V durch Und-Verknüpfung der Vitalwerte V_i seiner Komponenten gebildet, vgl. serielle Konfiguration, Abschnitt 2.2.2.

$$V_{\text{ser}} = \bigwedge_i V_i \qquad \text{Gl. 4.2}$$

In einer parallelen, also redundanten Konfiguration entsteht der Gesamt-Vitalwert durch Oder-Verknüpfung der Vitalwerte seiner Komponenten, vgl. Abschnitt 2.2.2.

$$V_{\text{par}} = \bigvee_i V_i \qquad \text{Gl. 4.3}$$

In vielen Fällen ist dieses Modell jedoch zu stark vereinfachend, da es bereits vor einem Totalausfall zu Ausfallerscheinungen bzw. einer zunehmenden Leistungsdegradation kommt. So kann beispielsweise ein elektrischer Spannungsregler vor dem Einbruch der Ausgangsspannung eine fortschreitende Spannungsdrift aufweisen oder ein Speichermodul transiente Einzelbitfehler vor dem vollständigen Defekt [68, 48, 22]. Um derartige Zwischenzustände modellieren zu können, wird das binäre Fehlermodell zu einem kontinuierlichen Modell auf Grundlage der Fuzzylogik erweitert:

$$V \in [0, 1] \subset \mathbb{R} \qquad \text{Gl. 4.4}$$

Hierbei steht ein Wert von 1 weiterhin für die volle Funktionstüchtigkeit und 0 für den vollständigen Funktionsverlust. Der Wertebereich dazwischen beschreibt den Bereich der Leistungsdegradation bzw. der graduellen Ausfallerscheinungen. Dieses graduelle Fehlermodell kann ebenfalls auf die Komponenten des Systems angewandt werden. Im Folgenden wird die Und-Verknüpfung

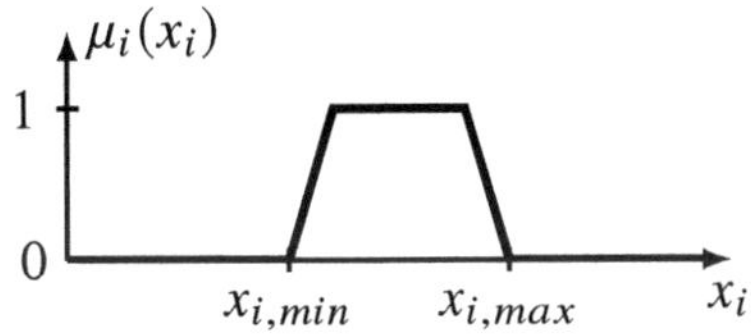

Abbildung 4.1: Exemplarische Zugehörigkeitsfunktion $\mu_i(x_i)$

kontinuierlicher Vitalwerte in einer seriellen Konfiguration analog zu Gl. 4.2 als Multiplikation definiert:

$$V_{\text{ser}} = \prod_i V_i \qquad \text{Gl. 4.5}$$

Analog zur Verknüpfung der Ausfallwahrscheinlichkeiten (vgl. Gl. 2.8) wird in redundanten Konfigurationen der Vitalzustand über das Komplement gebildet:

$$V_{\text{par}} = 1 - \prod_i (1 - V_i) \qquad \text{Gl. 4.6}$$

Trotz gewisser Ähnlichkeiten gibt es einen deutlichen Unterschied zwischen Wahrscheinlichkeits- bzw. Zuverlässigkeitsberechnung und Fuzzylogik: Die Zuverlässigkeitsberechnung betrachtet die Wahrscheinlichkeit $R \in [0, 1]$ für den Vitalzustand $V = 1$, ohne mögliche Zwischenzustände zu betrachten. Die Fuzzylogik betrachtet den Vitalzustand $V \in [0, 1]$ eines Systems inklusive möglicher Zwischenzustände, nimmt aber seine Wahrscheinlichkeit als 1 an. Eine Kombination beider Sichtweisen wird in dieser Arbeit nicht betrachtet.

4.1.2 Zustandsmodell

Die beschriebenen Ausfallerscheinungen treten unabhängig von der Modellierung des Vitalzustands nicht spontan auf, sondern sind das Ergebnis einer fortschreitenden, inneren Zustandsänderung. Jede technische Einheit H besitzt eine Zustandsmenge $X = \{x_1, \dots x_n\}$ mit n für die Zuverlässigkeit relevanten Zuständen x_i. So kann z. B. ein Prozessor die Zustände *Temperatur*, *Auslastung* und *Setup-Time auf dem kritischen Pfad* besitzen. Jedem Zustand x_i ist eine Zugehörigkeitsfunktion $\mu_i(x_i)$ zugeordnet, die den zugehörigen partiellen Vitalwert V_i ermittelt. Der Vitalwert eines Systems entsteht gemäß Gl. 4.5 aus dem Produkt seiner partiellen Vitalwerte:

$$V(t) = V(X(t)) = \prod_i V_i = \prod_i \mu_i(x_i(t)) \qquad \text{Gl. 4.7}$$

Eine Zugehörigkeitsfunktion beschreibt den zulässigen Spezifikationsbereich eines Zustands. Handelt es sich um eine physikalische Größe wie Spannung oder Temperatur, entspricht der in Datenblättern angegebene zulässige Wertebereich einem Vitalwert von $V_T = \mu_T(T) = 1$, Werte außerhalb der absoluten Höchstgrenzen einem Wert von 0. Allerdings kann auch virtuellen Größen wie CPU- oder Speicherauslastung eine Zugehörigkeitsfunktion zugeordnet werden, sofern sie einen Einfluss auf die Funktionsfähigkeit des Systems haben. Abbildung 4.2 zeigt Beispiele für Zustände digitaler Systeme mit möglichen Zugehörigkeitsfunktionen. Sobald der Schwellwert V_{thr} unterschritten wird, wird eine Fehlerbehandlungsmaßnahme eingeleitet:

$$V(t) \leq V_{\text{thr}} \rightarrow \text{Migration} \qquad \text{Gl. 4.8}$$

4.1.3 Prognosemodell

Die in Abschnitt 4.1.2 beschriebene Zugehörigkeitsfunktion ermittelt den Vitalwert eines Systems auf Grundlage seines aktuellen Zustands. Die meisten Methoden präventiver Fehlerbehandlung beruhen auf vergleichbar festgelegten Grenzwerten für aktuelle Systemzustände und leiten bei deren Überschreitung entsprechende Fehlerbehandlungsmaßnahmen ein. Wie in Abschnitt 3.3 gezeigt, ist jedoch in einigen Fällen durch eine detaillierte Systemkenntnis auch eine Prognose über die zukünftige Entwicklung eines Zustands möglich. Salfner [80] unterscheidet zwischen langfristiger und kurzfristiger Fehlerprädiktion. Die langfristige Ausfallprognose bezieht sich auf die allgemeine aktuelle Zuverlässigkeit und warnt vor einem erhöhten Ausfallrisiko in Zeiträumen von Wochen oder Monaten. Vergleichbare Ansätze finden sich auch im Automobilbereich unter dem Begriff *Monitoring* wieder und basieren in der Regel auf festgelegten Grenzwerten für innere Zustände. Die kurzfristige Ausfallprognose, auch Online-Ausfallprognose genannt, bezieht sich auf ein unmittelbar

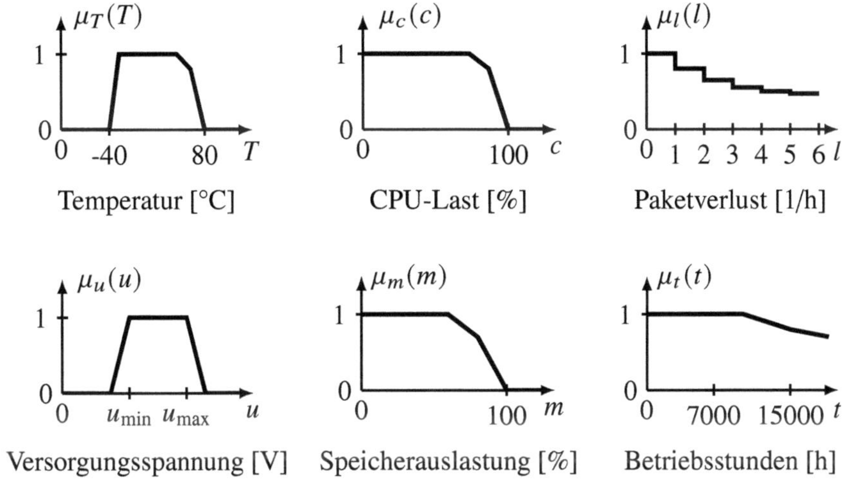

Abbildung 4.2: Beispielhafte Zugehörigkeitsfunktionen für zuverlässigkeitskritische Zustände digitaler Systeme

bevorstehendes Systemversagen in Zeiträumen von Sekundenbruchteilen bis Minuten. Die hier beschriebene Methode lässt sich auf alle Prognosezeitfenster anwenden, die eine minimale Vorwarnzeit einräumen. Diese wird in Abschnitt 4.1.4 näher ermittelt. Die größten Vorteile entstehen jedoch in Kombination mit der kurzfristigen bzw. Online-Fehlerprognose, da für längere Zeiträume bereits andere Fehlerbehandlungsmethoden zur Verfügung stehen, wie etwa ein prophylaktischer Hardwaretausch.

Eine Prognosefunktion, die zum Zeitpunkt t den Wert eines Zustands x um die Differenz Δt im Voraus ermittelt, wird folgendermaßen definiert:

$$\hat{x}(t) = x(t + \Delta t) \qquad \text{Gl. 4.9}$$

Falls eine solche Funktion $\hat{x}$ existiert, kann diese in die Zugehörigkeitsfunktion einfließen und ermöglicht so eine Aussage über den Vitalzustand zum Zeitpunkt $t + \Delta t$:

$$\begin{aligned} \hat{V}_i(t) &= \mu_i(\hat{x}(t)) \\ &= \mu_i(x(t + \Delta t)) \qquad \text{Gl. 4.10} \\ &= V_i(t + \Delta t) \end{aligned}$$

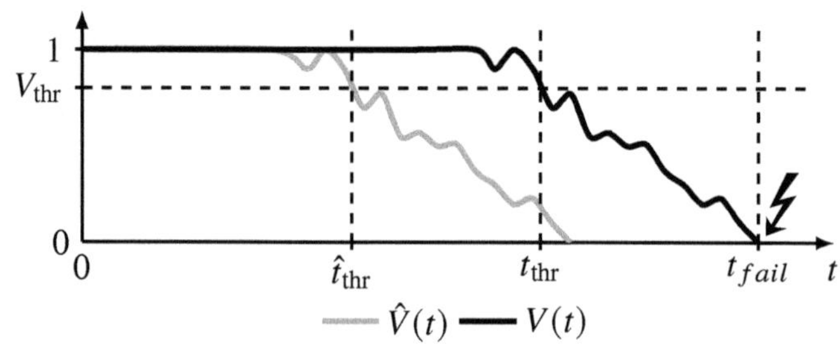

Abbildung 4.3: Exemplarischer Verlauf eines Vitalwertes und seiner Prognosefunktion

Die Prognosefunktion $\hat{V}(t)$ des Gesamtsystems wird in Anlehnung an Gl. 4.7 gemäß Gl. 4.11 gebildet. Obwohl diese eine zeitlich vorgezogene Zugehörigkeitsfunktion darstellt, ist ihr Optimierungskriterium nicht die möglichst exakte Antizipation des Kurvenverlaufs zu einem festgelegten Zeitpunkt $t+\Delta t$, sondern die möglichst frühzeitige Indikation kritischer Werte. Daher lässt die Definition in Gl. 4.11 individuelle Prognosezeitfenster Δt_i für jede Prognosefunktion $\hat{x}_i$ zu. Diese entspricht der Fehlerdynamik des jeweiligen Zustands und kann, falls für einzelne Zustände keine Prognosefunktion existiert, auch 0 betragen oder, falls technisch erforderlich, zeitlich variieren.

$$\begin{aligned} \hat{V}(t) &= \prod_i \hat{V}_i(t) \\ &= \prod_i \mu_i(\hat{x}_i(t)) \\ &= \prod_i \mu_i(x_i(t + \Delta t_i(t))) \\ &= \prod_i V_i(t + \Delta t_i(t)) \end{aligned} \qquad \text{Gl. 4.11}$$

Abbildung 4.3 illustriert den Verlauf einer exemplarischen Prognosefunktion $\hat{V}(t)$ in Relation zum realen Vitalwert $V(t)$. Dabei wird vereinfachend von einem konstanten Prognosezeitfenster $\Delta t_i(t) = \Delta t$ ausgegangen. Die Vorwarnzeit Δt_{warn} wird definiert als die zeitliche Differenz zwischen den Zeitpunkten

t_{thr} und $\hat{t}_{\text{thr}}$, zu denen der tatsächliche bzw. der prognostizierte Vitalwert den kritischen Schwellwert V_{thr} unterschreitet. Daher gilt

$$\Delta t_{\text{warn}} = t_{\text{thr}} - \hat{t}_{\text{thr}} \qquad \text{Gl. 4.12}$$

unter folgender Annahme:

$$V(t_{\text{thr}}) = \hat{V}(\hat{t}_{\text{thr}}) = V_{\text{thr}} \qquad \text{Gl. 4.13}$$

4.1.4 Anforderungen an die Vorwarnzeit

Obwohl die Norm ISO 26262 [40] keine proaktive Migration von Diensten vorsieht, kann diese dennoch als Sicherheitsmechanismus in ihrem Sinne betrachtet werden. In ihrer aktuellen Version (2018) definiert die Norm Zeiträume für die Fehlererkennung und -behandlung, die sich auch auf ein proaktives Sicherheitskonzept anwenden lassen, um Anforderungen an ihre Funktionseinheiten abzuleiten.

- **Fehlerdetektionszeit (engl. *Fault Detection Time Interval*) (FDTI):** Zeitraum vom Auftreten eines Fehlers bis zu seiner Erkennung. Diese Arbeit interpretiert ihn als Zeitraum vom Erscheinen einer latenten Fehlerursache bzw. ihrer Symptome bis zur Prognose eines bevorstehenden Ausfalls.
- **Fehlerreaktionszeit (engl. *Fault Reaction Time Interval*) (FRTI):** Zeitraum von der Erkennung eines Fehlers bis zum Übergang in den Notbetrieb oder einen sicheren Zustand. In dieser Arbeit wird der redundante Betrieb als sicherer Zustand betrachtet, wenn nach einem etwaigen Ausfall die kontinuierliche Fortsetzung der Funktionalität gewährleistet ist.
- **Fehlerbehandlungszeit (engl. *Fault Handling Time Interval*) (FHTI):** Summe aus FDTI und FRTI
- **Fehlertoleranzzeit (engl. *Fault Tolerant Time Interval*) (FTTI):** Zeitraum vom Auftreten eines Fehlers bis zum Eintreten eines gefährlichen Ereignisses. Hier wird er als Zeitraum vom Erscheinen einer latenten Fehlerursache bzw. ihrer Symptome bis zum vollständigen Defekt der Hardware interpretiert.

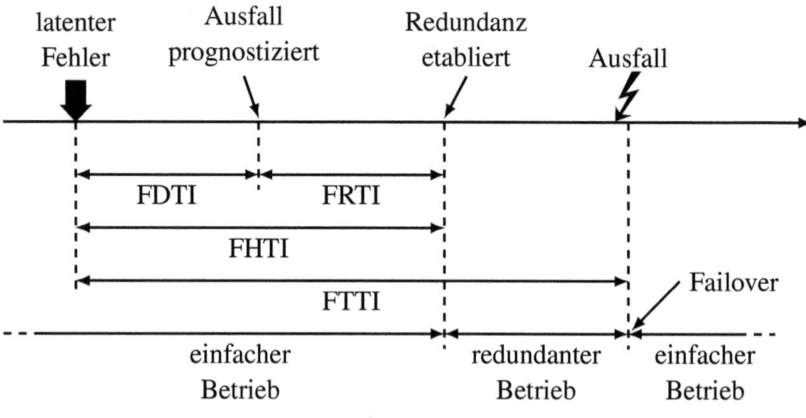

Abbildung 4.4: Zeitliche Anforderungen an den Sicherheitsmechanismus in Anlehnung an ISO 26262-1:2018 [40]

Daraus entsteht normgemäß die Anforderung, dass die Fehlerbehandlungszeit kleiner sein muss als die Fehlertoleranzzeit. Da die Fehlerbehandlungszeit die Summe aus Fehlerdetektionszeit und Fehlerreaktionszeit darstellt, muss ein aufwändiger Fehlerbehandlungsmechanismus wie die proaktive Migration von Diensten auf andere Steuergeräte durch einen entsprechenden Ausfallprognose-Mechanismus unterstützt werden, der ihm den erforderlichen zeitlichen Vorlauf zur Fehlerbehandlung einräumt.

4.1.5 Anforderungen an die Prognosequalität

Jeder Zustand $x_i(t)$ ist einem Fehlermodus (engl. *Failure Mode*) i zugeordnet und erreicht mit einer partiellen Ausfallrate λ_i einen Wert, für den gilt: $\mu_i(x_i(t)) = 0$. Die Summe der partiellen Ausfallraten bildet die Gesamtausfallrate λ des Moduls:

$$\lambda = \sum_i \lambda_i \qquad \text{Gl. 4.14}$$

Die Norm ISO 262626-1 [40] bezeichnet den Prozentsatz an der Gesamtausfallrate, der von einem Sicherheitsmechanismus abgedeckt wird, als Diagnoseabdeckung (engl. *Diagnostic Coverage*) (DC).

$$DC = \frac{\lambda_{\mathrm{d}}}{\lambda} \qquad \text{Gl. 4.15}$$

Der Anteil an einem einzelnen Fehlermodus wird Fehlermoden-Abdeckung (engl. *Failure Mode Coverage*) (FMC) genannt. Fehler, die nicht von einem Sicherheitsmechanismus abgedeckt werden, werden als Restrisiken oder Restfehler (engl. *Residual Faults*) (RF) bezeichnet. Sie bilden die Restausfallrate λ_{RF}.

$$\lambda_{\mathrm{RF}} = \lambda(1 - DC) \qquad \text{Gl. 4.16}$$

Diese Restausfallrate ist ausschlaggebend für die Sicherheitsbeurteilung im Sinne der ISO 26262. Wird für einen Rechenknoten als Sicherheitsziel (engl. *Safety Goal*) (SG) die Restausfallrate λ_{RF} gefordert, weist dieser jedoch per Design nur eine Ausfallrate $\lambda > \lambda_{\mathrm{RF}}$ auf, so lautet die erforderliche Diagnoseabdeckung durch den Sicherheitsmechanismus:

$$DC \geq 1 - \frac{\lambda_{\mathrm{RF}}}{\lambda}. \qquad \text{Gl. 4.17}$$

Ein Sicherheitsmechanismus wie die proaktive Fehlertoleranz kann also entscheidend dazu beitragen, die Sicherheitsziele automobiler E/E-Architekturen zu erreichen, selbst wenn die Ausfallprognose nicht ideal ist oder nicht für alle sicherheitsrelevanten Zustände eine Prognosefunktion vorliegt. [40, 29]

4.1.6 Methodischer Ansatz zur Zustandsprädiktion

In den vorangegangenen Abschnitten wurde eine allgemeine Methode zur Ermittlung und Prognose des Vitalzustands digitaler Echtzeitsysteme vorgestellt. Diese Methode wird nun auf eine exemplarische Fallstudie angewandt. Salfner [80] gibt einen umfassenden Überblick über mögliche Ansätze zur Online-Fehlerprognose. Dabei unterscheidet er vier Grundansätze:

1. **Statistische Fehlererfassung:** Dabei werden aus der systematischen Auswertung vorangegangener Fehler Rückschlüsse auf zukünftige Ausfälle gezogen. Dieser Ansatz eignet sich hauptsächlich für große Anlagen im Dauerlauf, bei denen es regelmäßig zu Ausfällen kommt. Im Automobil-Kontext sind vergleichbare Ansätze zwar auf Basis von Flottendaten denkbar, diese Arbeit betrachtet jedoch ausschließlich Einzelfahrzeuge.
2. **Symptomüberwachung:** Aus der kontinuierlichen Überwachung von Systemparametern wie Speicher oder Temperatur werden Rückschlüsse über versteckte oder entstehende Fehler gezogen. Hintergrund ist, dass sich einige Fehlerursachen über Seiteneffekte, sogenannte Symptome, bemerkbar machen. Salfner nennt Speicherlecks (engl. *Memory Leaks*) als Beispiel, die zunächst den freien Arbeitsspeicher kontinuierlich reduzieren, bevor sie zum Systemabsturz führen.
3. **Auswertung von Fehlermeldungen:** Statt kontinuierlicher Zustände werden diskrete Fehlermeldungen ausgewertet, die auf darunter liegenden Monitoring-Mechanismen basieren. Diese Fehlermeldungen beziehen sich unmittelbar auf funktionale Unregelmäßigkeiten, können indirekt jedoch auf bevorstehende Totalausfälle hindeuten. Diese Methode ist auf das gegebene Problem nur eingeschränkt anwendbar, da sie voraussetzt, dass bereits Fehler eingetreten sind, also ein Vitalwert $V < 1$ vorliegt. Dies stellt die zuverlässige Durchführbarkeit einer Migration von Diensten infrage.
4. **Aktive Fehlersuche (engl. *Auditing*):** Während sich die drei vorangegangenen Ansätze auf die Auswertung bereits erfasster Zustände stützen, wird bei dieser Methode aktiv nach Unregelmäßigkeiten im System gesucht, wie z. B. nach Inkonsistenzen im Dateisystem. Salfner fand jedoch keine Beispiele für einen solchen Ansatz zur Online-Fehlerprädiktion. Daher wird er hier nicht weiter verfolgt.

Aus dieser Aufstellung geht die Symptomüberwachung als geeignetster Ansatz zur Online-Fehlerprädiktion in automobilen E/E-Architekturen hervor. Salfner teilt ihn in vier Unterkategorien ein:

1. **Funktionsapproximation:** Dieser Ansatz versucht aus gemessenen Trainingsdaten eine Funktion zu approximieren, deren Ausgabewert entweder die aktuelle Ausfallwahrscheinlichkeit ist oder die erwartete zukünftige Entwicklung von Systemressourcen.

Abbildung 4.5: Thermisches Modell eines aktiv gekühlten Steuergeräts

2. **Klassifikatoren:** Aus einem Trainingsdatensatz von Messdaten fehlerfreier und fehlerbehafteter Systeme werden Klassifikatoren abgeleitet, die zur Laufzeit Rückschlüsse über den Vitalzustand des Systems und seine weitere Entwicklung zulassen.
3. **Systemmodelle:** Aus der Differenz zwischen gemessenen und von einem Modell berechneten Systemzuständen wird auf versteckte oder sich abzeichnende Fehler geschlossen.
4. **Zeitreihenanalyse:** Diese Verfahren basieren auf der Analyse der zeitlichen Entwicklung von Systemzuständen.

Keines dieser Verfahren kann kategorisch zur Ausfallprognose in automobilen E/E-Architekturen ausgeschlossen werden, da alle auf der Auswertung von Echtzeitdaten beruhen und zur kurzfristigen Fehlerprognose geeignet sind. Allerdings sind von Systemmodellen die genauesten und verlässlichsten Prognosen zu erwarten, da diese im Gegensatz zu den anderen Ansätzen nicht auf Abschätzungen, sondern einer genauen Systemkenntnis beruhen. Daher wird dieses Konzept im Folgenden für eine exemplarische Fallstudie herangezogen.

4.1.7 Anwendung auf eine exemplarische Fallstudie

Fahrzeugsteuergeräte können bis zu einer thermischen Leistung von ca. 100 W passiv gekühlt werden [35]. Anspruchsvolle Funktionalitäten wie ADAS oder das automatisierte Fahren erfordern jedoch Rechenleistungen, die mit einer elektrischen Leistungsaufnahme von mehreren hundert Watt einhergehen [47]. Aktuelle Hochleistungs-Steuergeräte wie die *Bosch ADAS Integration Platform* [15], die *Continental ADC500 Serie* [25], die *ZF ProAI Serie* [112] oder die *Tesla Car Computer Serie* [100] erfordern daher eine aktive Kühlung. Dabei werden typischerweise energieintensive Komponenten wie Prozessoren und

Spannungswandler thermisch an das Metallgehäuse gekoppelt, welches anschließend luft- oder flüssigkeitsgekühlt wird. Obwohl eine aktive Kühlung deutliche funktionale Vorteile bietet, stellt sie selbst eine zusätzliche Fehlerquelle dar. Insbesondere mechanische Fehler wie Verschmutzungen in Lüftern oder Lecks in Kühlleitungen können nicht immer unmittelbar detektiert werden, sondern machen sich erst durch eine geringere Kühlleistung bemerkbar. Gängige Monitoring-Verfahren legen hierfür Grenzwerte fest, bei deren Überschreitung eine Warnung an den Fahrer erfolgt oder das betreffende System degradiert oder deaktiviert wird. Eine intelligente Temperaturüberwachung kann in so einem Fall bereits warnen, bevor eine kritische Temperaturschwelle überschritten wird und somit ein zusätzliches Zeitbudget für proaktive Fehlerbehandlungsmaßnahmen schaffen. In den folgenden Abschnitten wird eine solche Zustandsprognosefunktion auf Basis eines thermischen Systemmodells vorgestellt.

Gegeben ist ein aktiv gekühltes Steuergerät. Sein Hauptprozessor hat die elektrische Leistungsaufnahme P, seine Temperatur T ist identisch mit der des Gehäuses. Die Umgebungs- bzw. Vorlauftemperatur ist T_0. Die Systemtemperatur T weise zur Umgebungstemperatur T_0 die Temperaturdifferenz ΔT auf:

$$T = T_0 + \Delta T \qquad \text{Gl. 4.18}$$

Die zugeführte Gesamtleistung P_{ges}, die das Gerät erfährt, besteht in der Differenz aus zugeführter elektrischer Leistung P und abgeführter Kühlleistung P_k:

$$P_{ges} = P - P_\mathrm{k} \qquad \text{Gl. 4.19}$$

Die Kühlleistung P_k ist proportional zur Temperaturdifferenz ΔT und zum thermischen Leitwert G_th des Kühlsystems. Der thermische Leitwert spiegelt die Leistungsfähigkeit der aktiven Kühlung wider.

$$P_\mathrm{k} = \Delta T \cdot G_\mathrm{th} \qquad \text{Gl. 4.20}$$

Die Temperaturänderung $\dot{T}$ ist proportional zur Gesamtleistung P_{ges} und zum Kehrwert der thermischen Kapazität C_th des Gehäuses:

$$\dot{T} = \frac{P_{ges}}{C_\mathrm{th}} \qquad \text{Gl. 4.21}$$

Die Vereinigung dieser Gleichungen führt zu folgender inhomogenen linearen Differenzialgleichung 1. Ordnung mit konstanten Koeffizienten:

$$\dot{T} \cdot C_{\mathrm{th}} + \Delta T \cdot G_{\mathrm{th}} = P \qquad \text{Gl. 4.22}$$

Diese beschreibt ein PT1-Glied folgender Struktur:

$$P \longrightarrow \boxed{\frac{K}{1 + t_1 s}} \longrightarrow \Delta T \qquad \text{Gl. 4.23}$$

mit dem Verstärkungsfaktor

$$K = \frac{1}{G_{\mathrm{th}}} \qquad \text{Gl. 4.24}$$

und der Zeitkonstanten

$$t_1 = \frac{C_{\mathrm{th}}}{G_{\mathrm{th}}}. \qquad \text{Gl. 4.25}$$

Unter der Annahme, dass die elektrische Energiezufuhr zum Zeitpunkt $t = 0$ beginnt, also

$$P(t) = 0 \ \text{ für } \ t < 0 \qquad \text{Gl. 4.26}$$

$$P(t) = P \ \text{ für } \ t \geq 0 \qquad \text{Gl. 4.27}$$

gilt, ergibt sich der Grenzwert

$$\Delta T_{\mathrm{max}} = PK = \frac{P}{G_{\mathrm{th}}} \qquad \text{Gl. 4.28}$$

und folgende zeitabhängige Lösung:

$$\Delta T(t) = \Delta T_{\mathrm{max}} \cdot \left(1 - e^{-\frac{t}{t_1}}\right) \ \text{ für } \ t \geq 0 \qquad \text{Gl. 4.29}$$

Der absolute Temperaturverlauf ist in Abbildung 4.6 zu sehen. Die Temperatur des Prozessors beginnt mit der Umgebungstemperatur T_0 und nähert sich mit Beginn der Spannungsversorgung asymptotisch dem Grenzwert $T_0 + \Delta T_{\mathrm{max}}$. Ändert sich durch einen Fehler in der aktiven Kühlung der thermische Leitwert

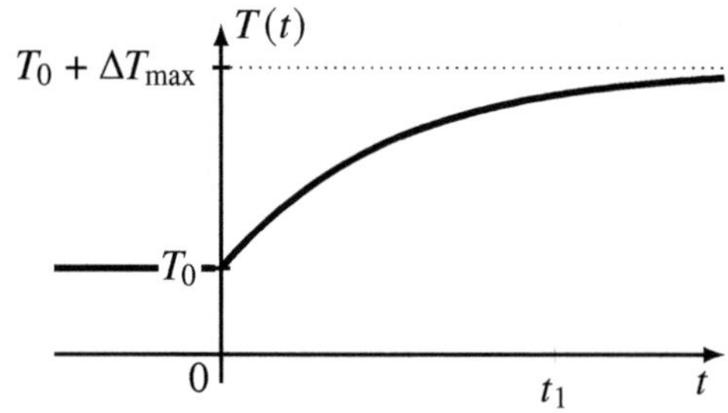

Abbildung 4.6: Temperaturverlauf der CPU

G_{th}, kann dieser zwar nicht direkt gemessen, aber mithilfe von Gl. 4.22 aus messbaren Größen rekonstruiert werden:

$$\hat{G}_{th} = \frac{P - \Delta\dot{T} \cdot C_{th}}{\Delta T} \qquad \text{Gl. 4.30}$$

Durch Einsetzen in Gl. 4.28 erhält man folgende Gleichung, aus der sich jederzeit aus den messbaren Größen Temperatur und Leistungsaufnahme sowie der thermischen Kapazität des Gehäuses die langfristige Temperaturentwicklung ermitteln lässt:

$$\hat{T}_{max} = T_0 + \frac{P}{\hat{G}_{th}} = T_0 + \frac{\Delta T}{1 - \dot{T} \cdot \frac{C_{th}}{P}} \qquad \text{Gl. 4.31}$$

Die inverse Funktion zu Gl. 4.29 lautet

$$t(\Delta T) = -t_1 \cdot \ln\left(1 - \frac{\Delta T}{\Delta T_{max}}\right). \qquad \text{Gl. 4.32}$$

Diese ordnet jedem Temperaturanstieg ΔT einen entsprechenden Zeitpunkt t zu. Der zeitliche Abstand Δt zwischen zwei Temperaturwerten ΔT_1 und ΔT_2 lautet

$$\begin{aligned} \Delta t &= t(\Delta T_2) - t(\Delta T_1) \\ &= t_1 \cdot \ln\left(1 - \frac{\Delta T_2}{\Delta T_{max}}\right) - t_1 \cdot \ln\left(1 - \frac{\Delta T_1}{\Delta T_{max}}\right) \\ &= t_1 \cdot \ln\left(\frac{\Delta T_{max} - \Delta T_1}{\Delta T_{max} - \Delta T_2}\right) \\ &= t_1 \cdot \ln\left(\frac{T_{max} - T_1}{T_{max} - T_2}\right). \end{aligned} \qquad \text{Gl. 4.33}$$

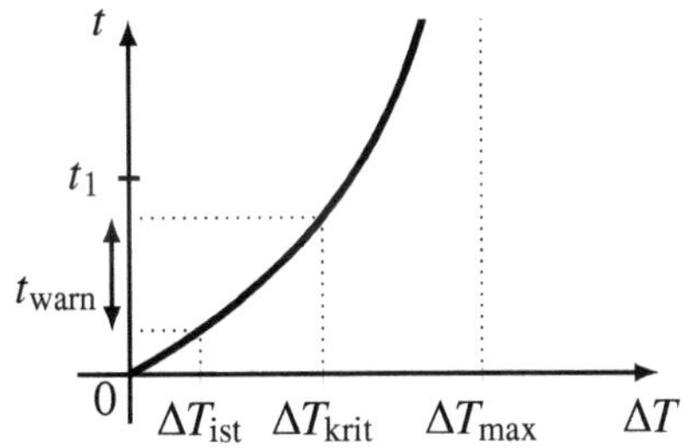

Abbildung 4.7: Ermittlung der Vorwarnzeit aus der inversen Temperaturkurve

Wird also zu einem beliebigen Zeitpunkt anhand von Gl. 4.31 ein bedenklich hoher erwarteter Temperaturgrenzwert $\hat{T}_{max}$ ermittelt, so lautet die verbleibende Vorwarnzeit t_{warn} bis zum Überschreiten der kritischen Temperatur T_{krit}:

$$t_{warn} = t_1 \cdot \ln\left(\frac{T_{max} - T_{ist}}{T_{max} - T_{krit}}\right) \qquad \text{Gl. 4.34}$$

Abbildung 4.7 zeigt diesen Zusammenhang. Daraus geht auch hervor, dass eine sinnvolle Vorwarnzeit nur ermittelt werden kann, wenn folgende Bedingung erfüllt ist:

$$T_{ist} < T_{krit} < T_{max} \qquad \text{Gl. 4.35}$$

Die Prozessor- bzw. Sperrschichttemperatur $T(t)$ kann demnach als sicherheitsrelevanter Zustand $x_1(t)$ modelliert werden.

$$x_1(t) = T(t) \qquad \text{Gl. 4.36}$$

Die erwartete Maximaltemperatur $\hat{T}_{max}(t)$ stellt demzufolge die zugehörige Prognosefunktion $\hat{x}_1(t)$ im Sinne von Gl. 4.9 dar.

$$\hat{x}_1(t) = \hat{T}_{max}(t) \qquad \text{Gl. 4.37}$$

Die Zugehörigkeitsfunktion $\mu_T(T)$ beschreibt den vom Hersteller spezifizierten, zulässigen Temperaturbereich durch $\mu_T(T) = 1$ und die absoluten Temperaturgrenzen, außerhalb derer ein Betrieb ausgeschlossen werden kann, als

$\mu_T(T) = 0$. Dazwischen befinden sich Übergangsbereiche, in denen ein erhöhtes Ausfallrisiko besteht bzw. in denen mit teilweisen Ausfallerscheinungen zu rechnen ist.

$$\mu_1(x_1(t)) = \mu_T(T(t)) \qquad \text{Gl. 4.38}$$

Wendet man diese Zugehörigkeitsfunktion auf die prognostizierte Maximaltemperatur an, erhält man die Prognosefunktion über den betreffenden Fehlermodus.

$$\mu_1(\hat{x}_1(t)) = \mu_T(T_{\max}(t)) = \hat{V}_1(t) \qquad \text{Gl. 4.39}$$

Diese stellt den ersten Teil der Gesamtprognosefunktion $\hat{V}(t)$ dar, in der die Prognosefunktionen aller Fehlermodi gemäß Gl. 4.11 multiplikativ verknüpft werden.

$$\begin{aligned} \hat{V}(t) &= \prod_i \hat{V}_i(t) \\ &= \mu_T(T_{\max}(t)) \cdot \prod_{i=2}^{n} \mu_i(\hat{x}_i(t)) \end{aligned} \qquad \text{Gl. 4.40}$$

Somit ist das Prognoseproblem für einen Fehlermodus konzeptionell gelöst. Ein experimenteller Nachweis der analytischen Lösung erfolgt in Kapitel 6.2.

4.2 Methode zur dezentralen Ressourcen-Reallokation

Die zunehmende Flexibilisierung der Fahrzeugsoftware stellt die derzeitigen, statischen Sicherheitsmechanismen im Automobilbereich infrage. Sollen zukünftige Fahrzeuge in der Lage sein, ihre Fahrerassistenzsysteme laufend zu aktualisieren oder auf Kundenwunsch neue Funktionalitäten nachzuladen, kann nicht mehr von einer zur Entwicklungszeit festgelegten, statischen Softwarekonfiguration ausgegangen werden. Stattdessen muss jedes Fahrzeug seine Softwarestruktur individuell, automatisch und dynamisch neuen Gegebenheiten anpassen können. Dies betrifft sowohl das Software-Hardware-Mapping als auch die Einrichtung redundanter Softwarestrukturen für sicherheitsrelevante Applikationen und deren Rekonfiguration im Fehlerfall. Diese Anforderungen an Selbstorganisation, Selbstadaption und Selbstheilung wurden bislang im Automobilbereich wenig erforscht, haben aber in der IT-Branche bereits vor einigen Jahren die Konzepte des Organic bzw. Autonomic Computing [39] hervorgebracht, die nun auch in der Fahrzeugsoftware Anwendung finden.

4.2.1 Methodischer Ansatz

Die Steuerung resilienter Systeme kann entweder zentral oder dezentral erfolgen. Zentrale Systeme können zwar eine global optimale Lösung für die Ressourcenverteilung im Gesamtsystem ermitteln, bergen jedoch das Risiko, durch den Ausfall der zentralen Steuereinheit wie einem Orchestrator oder Autonomic Manager das gesamte System zu gefährden. Daher schlagen einige Autoren [43] vor, zwei redundante Kontrollinstanzen einzusetzen, um die Ausfallsicherheit zu erhöhen. Diese Lösung vermeidet zwar einen SPoF, etabliert aber dennoch einen Single Point of Control (SPoC) und somit ein Nadelöhr in der Kommunikation.

Eine elegante Alternative ist die dezentrale Selbstorganisation mittels FTMAS. Hier treten Applikationen als mobile Agenten auf, die eigenständig zwischen Rechenknoten migrieren können. Dieser Ansatz zeichnet sich durch eine hohe Robustheit und gute Skalierbarkeit aus, da er von keiner Zentralinstanz abhängt und der Konfigurationsaufwand im System verteilt wird. Da Entscheidungen lokal getroffen werden, können FTMAS zudem potenziell schneller auf Störungen reagieren.

Frühere Studien zu FTMAS im Automobilbereich beziehen sich entweder auf Komfortfunktionen, die keine unterbrechungsfreie Verfügbarkeit erfordern und mit reaktiven Ansätzen auskommen [49], oder auf sicherheitskritische Applikationen und arbeiten mit dynamisch allozierter, statischer Redundanz [108]. Letztere geht mit einem mehrfachen Ressourcenverbrauch einher und erfordert den kontinuierlichen Austausch von Heartbeat-Signalen. Derzeit existiert kein ressourceneffizientes Verfahren zur dezentralen Fehlertoleranz in automobilen E/E-Architekturen. Hierfür schlägt diese Arbeit eine Methode auf Basis proaktiver Live-Migration mit temporärer On-Demand Redundanz (ODR) vor.

4.2.2 Systemmodell

In einem Fahrzeugnetzwerk befinden sich m Steuergeräte H_i der Menge $\mathbb{H} = \{H_1, \dots, H_m\}$. Auf diesen wird eine Menge $\mathbb{S} = \{S_1, \dots, S_n\}$ aus n Diensten ausgeführt. Jeder Dienst S_j besitzt Schnittstellen in Form von typisierten Anforderungen $R_j = \{r_j^1, r_j^2, \dots\}$ und Garantien $G_j = \{g_j^1, g_j^2, \dots\}$, vgl. [43]. Stimmen ihre Datentypen überein, können Garantien und Anforderungen unterschiedlicher Dienste über periodische Datenströme miteinander verbunden werden. Dazu wird der entsprechenden Anforderung r_j^k ein Endpunkt $e_{j,1}^k$ hinzugefügt, der den Datenstrom d_k bei seinem Publisher abonniert. Stehen mehrere passende Garantien zur Verfügung, können weitere, redundante Endpunkte $e_{j,2}^k, e_{j,3}^k \dots$ angelegt werden, die zunächst ignoriert werden. Sobald alle Anforderungen eines Dienstes erfüllt sind, kann dieser mit der Ausführung seiner Funktionalität beginnen.

Jeder Dienst S_j veröffentlicht in regelmäßigen Abständen seine Dienstbeschreibung $D_{\mathrm{S},j} = (S_j, H_i, R_j, G_j)$. Diese enthält Informationen über seinen Aufenthaltsort und seine Schnittstellen und ermöglicht so seine Orchestrierung. Dienstbeschreibungen werden per Broadcast an alle Netzwerkteilnehmer versandt, während die Datenströme an einen bestimmten Empfänger gerichtet sind. Durch eine individuelle Taktung der jeweiligen Signale kann die Netzwerkauslastung optimiert werden.

Die Steuergeräte sind generisch, d. h. jeder Dienst kann auf jedem Steuergerät ausgeführt werden. Zudem werden die Netzwerktopologie und -bandbreite nicht betrachtet, d. h. alle Steuergeräte sind untereinander verbunden und alle Dienste können uneingeschränkt miteinander kommunizieren.

4.2.3 Diagnosemodell

Auf jeder ECU H_i wird zudem ein Monitoringdienst M_i ausgeführt, der das Diagnose- und Prognoseverfahren gemäß Kapitel 4.1 implementiert. Er überwacht die Zustandsmenge X_i des Hosts, ermittelt daraus den prognostizierten Vitalwert $\hat{V}_i$ und stellt ihn in Form einer Garantie dem Systemverbund zur Verfügung. Erkennt er eine drohende Hardwaredegradation, drückt er dies durch einen prognostizierten Vitalwert $\hat{V}_i < 1$ aus und ermöglicht so eine proaktive Fehlerbehandlung.

4.2.4 Agentenmodell

Jedem Dienst S_j ist ein mobiler Agent A_j zugeordnet, der folgende Funktionen erfüllt:

- **Live-Migration**
  1. Überwachung des prädizierten Vitalwerts $\hat{V}_i$ seines Hosts H_i und Vergleich mit seinem applikationsspezifischen Schwellwert $V_{\text{th,i}}$
  2. Ermittlung des Zielknotens H_x
  3. Selbstreplikation inkl. seiner Dienste auf den Zielknoten H_x
  4. Starten des Replikats
- **Autoorchestrierung:**
  1. Kontinuierliche Auswertung eingehender Dienstbeschreibungen
  2. Verbinden eigener Anforderungen mit passenden Garantien anderer Dienste
  3. Aktivierung des Dienstes nach Verbinden aller Anforderungen
  4. Nachträgliches Anlegen redundanter Verbindungen bei Auftreten passender Garantien

Abbildung 4.8 zeigt eine beispielhafte Konstellation aus drei Diensten S_1, S_2 und S_3, die auf drei Hardwareknoten verteilt und über eine Signalkette miteinander verbunden sind. Ein vierter Knoten H_4 steht als Reserve bereit. Jedes Steuergerät H_i wird von einem Diagnosedienst M_i überwacht. In **Phase 0** befindet sich das System im Ausgangszustand. Dienst S_1 auf Knoten H_1 sendet einen periodischen Datenstrom d_1 an S_2, der diesen mit d_2 an S_3 fortsetzt. Mit dem Auftreten eines versteckten Fehlers (engl. *Hidden Fault*) f in H_2 beginnt **Phase 1**. M_2 diagnostiziert eine bevorstehende Hardwaredegradation und reduziert den Prognosewert $\hat{V}_2$, was in der Abbildung durch das Warnsymbol „!“ dargestellt wird. Sobald die Bedingung $\hat{V}_2(t) < V_{\text{th,2}}$ erreicht ist, leitet A_2 seine Live-Migration zu H_4 ein.

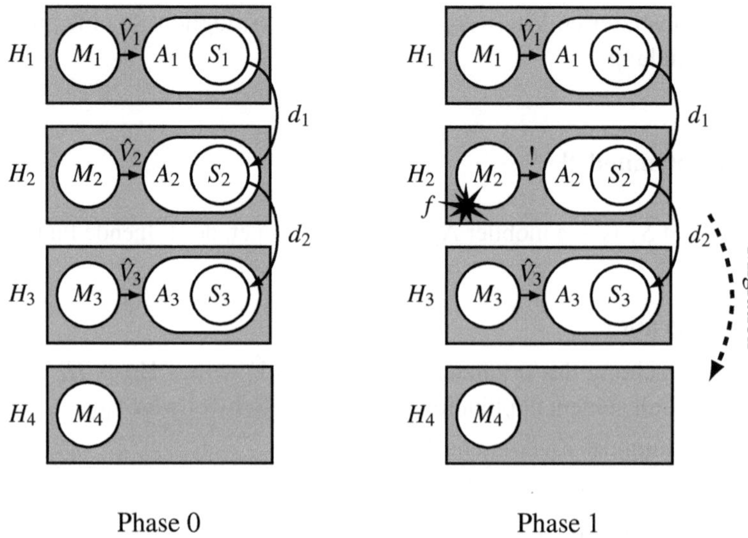

Abbildung 4.8: Migrationsphasen 0 und 1

4.2.5 Ressourcen-Reallokation

Die Live-Migration des Agenten beginnt mit der Bestimmung des Migrationsziels. Diese stellt ein Mapping-Problem im Rahmen einer dynamischen Ressourcenallokation dar. Hierfür existieren bereits zahlreiche Verfahren aus Forschung und Industrie, die sowohl zentrale als auch dezentrale und hybride Ansätze verwenden. Zentrale Ansätze, wie sie z. B. von Kampmann [43] verfolgt werden, nutzen einen globalen Orchestrator. Ein Vorteil dieses Verfahrens liegt darin, dass es nicht nur einen globalen Lastenausgleich (engl. *Load Balancing*) ermöglicht, sondern auch eine optimale Ressourcenzuweisung in Bezug auf andere Aspekte wie Energieverbrauch und Latenz erlaubt. Andere Autoren wie Weiss [108] setzen auf dezentrale Verfahren, die auch in etablierten Lösungen wie Robot Operating System (ROS) oder AUTOSAR Adaptive Anwendung finden [43]. Dezentrale Algorithmen zeichnen sich insbesondere durch ihre Robustheit aus, da sie ohne SPoF auskommen. Da die optimale Ressourcenallokation bereits intensiv erforscht ist, wird sie hier nicht näher betrachtet und das Migrationsziel als gegeben vorausgesetzt.

Die Ressourcen-Reallokation enthält nach der Ermittlung des Migrationsziels die eigentliche Allokation von CPU-, Speicher- und Netzwerkressourcen. Falls bereits alle Kapazitäten im Rechnerverbund belegt sind, kann die Deaktivierung von Komfortfunktionen zugunsten sicherheitskritischer Anwendungen erforderlich sein (*Graceful Degradation*). Da dieses Konzept ebenfalls bereits intensiv erforscht wurde, wird in dieser Arbeit angenommen, dass auf der Zielhardware ausreichend Ressourcen vorhanden sind.

4.2.6 Selbstreplikation

Sobald das Migrationsziel H_4 feststeht, öffnet der Agent A_2 einen entsprechenden Kommunikationskanal und kopiert seine eigenen Programmdaten sowie diejenigen seines zugeordneten Dienstes S_2 auf den neuen Host. Anschließend startet er das Replikat, das im Folgenden als A_2^* bzw. S_2^* bezeichnet wird. In Abbildung 4.10 ist der Abschnitt der Selbstreplikation mit einem „a" gekennzeichnet.

4.2.7 Autoorchestrierung

Mit dem Start der redundanten Instanz A_2^* des Agenten A_2 beginnt **Phase 2** des Migrationsvorgangs. Diese beginnt mit der Autoorchestrierung der replizierten Service-Instanz, die in Abbildung 4.10 mit einem „b" gekennzeichnet ist. Der geklonte Agent startet das Replikat S_2^* des ursprünglichen Dienstes S_2. S_2^* veröffentlicht umgehend seine Dienstbeschreibung D_{S2*}, welche von den bereits laufenden Agenten der anderen Dienste registriert wird. S_3 abonniert daraufhin die neue Garantie g_{2*}^1 über den redundanten Datenstrom d_2^*. Gleichzeitig überwacht der neue Agent A_2^* seine Netzwerkschnittstelle auf eingehende Dienstbeschreibungen anderer Dienste. Wenn deren Garantien den Anforderungen des eigenen Dienstes entsprechen, verbindet er sie. Dabei wird in der entsprechenden Anforderung r_{2*}^1 ein Endpunkt e_{2*}^1 angelegt, der einen entsprechenden Datenstrom d_1^* abonniert. Falls mehrere Garantien einer Anforderung entsprechen, werden sie mittels redundanter Endpunkte verbunden und vorerst ignoriert. Dies kann auch nachträglich zur Laufzeit geschehen. Der Agent A_2^*

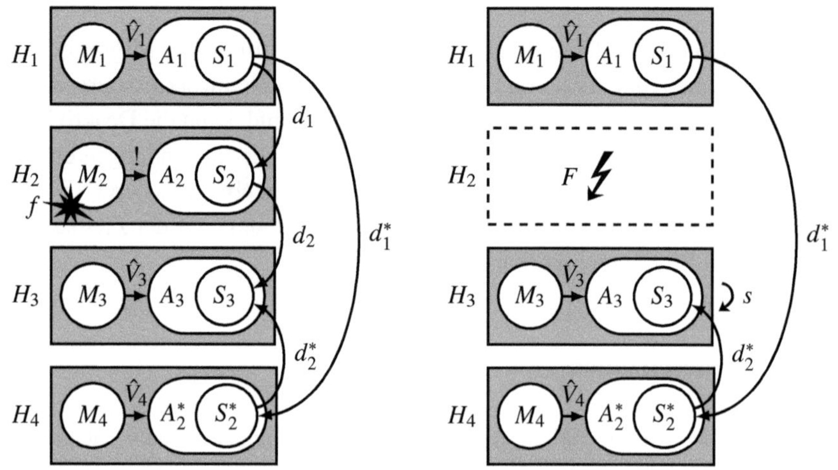

Phase 2 Phase 3

Abbildung 4.9: Migrationsphasen 2 und 3

selbst abonniert den prädizierten Vitalwert $\hat{V}_4$ des lokalen Monitors M_4. Sobald alle Anforderungen eines Dienstes erfüllt sind, aktiviert dessen Agent seine operative Funktionalität, wodurch der neue Signalpfad aktiviert wird (Abschnitt „c“ im Lebenszyklus des Agenten). Die Funktionalität der bisherigen Signalkette wird ungeachtet dessen ununterbrochen fortgesetzt, der redundante Eingang wird vom Empfänger ignoriert, solange der ursprüngliche Datenstrom nicht abreißt. Diese Phase des Parallelbetriebs stellt eine Form der aktiven bzw. heißen Redundanz dar und ist konzeptionell vergleichbar mit dem Ansatz von Weiss et al. [108]. Die Autoren setzen allerdings im Gegensatz zur vorliegenden Arbeit ein Heartbeat-Signal ein, das im Regelbetrieb die redundante Signalkette unterbindet. Diese belastet im Normalfall das Netzwerk und geht im Fehlerfall mit einer zusätzlichen Verzögerung einher. Das vorliegende Konzept umgeht beide Nachteile und optimiert Ressourcenverbrauch und Umschaltzeit.

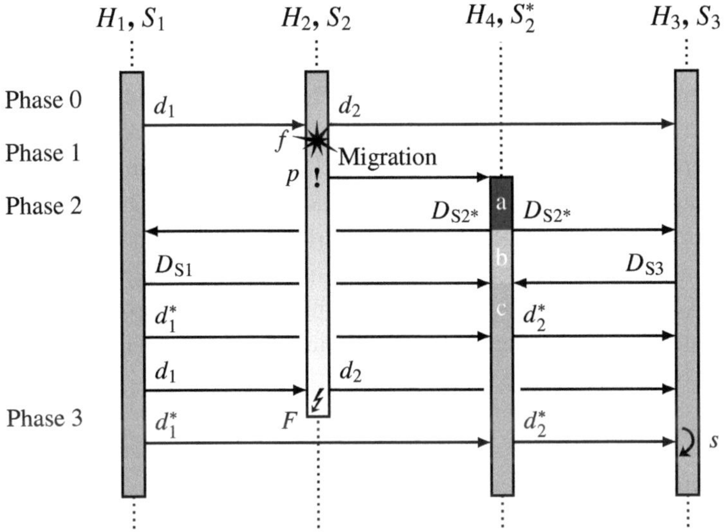

Abbildung 4.10: Sequenzdiagramm

4.2.8 Ausfall und Failover

Mit dem Ausfall (engl. *Failure*) F des beschädigten Knotens beginnt **Phase 3** der Live-Migration. Im Beispiel in Abbildung 4.9 führt dies zum Abriss des Datenstroms d_2. Um sicherzustellen, dass dieser nicht auf einen Jitter zurückzuführen ist, wartet S_3 einen definierten Toleranzzeitraum t_{tol} ab. Dieser muss größer sein als der maximale Jitter t_{J}, aber kleiner als die Signalperiode t_{P} abzüglich Jitter.

$$t_{\text{J}} < t_{\text{tol}} < t_{\text{P}} - t_{\text{J}} \qquad \text{Gl. 4.41}$$

Nach Ablauf dieser Frist erfolgt der Failover- bzw. Umschaltvorgang s. S_3 wechselt den aktiven Endpunkt seiner Anforderung r_3^2 von e_3^2 zu e_3^{2*} und verwendet von nun an die redundante Signalkette über den migrierten Dienst S_2^* auf ECU H_4. Die Funktionalität kann unterbrechungsfrei fortgesetzt werden. Die Verzögerung im Umschaltzeitpunkt beträgt t_{tol}.

4.3 Konzeption der E/E-Architektur

Das folgende Kapitel ergänzt die zuvor beschriebenen Methoden zur Fehlerprognose und proaktiven Reallokation um ein kompatibles E/E-Architekturmodell. Dazu werden zunächst in Abschnitt 4.3.1 die Anforderungen an die E/E-Architektur definiert. Anschließend wird in Abschnitt 4.3.2 ein struktureller Ansatz ermittelt, um die Anforderungen zu erfüllen. Daraufhin wird in Abschnitt 4.3.3 ein neuartiger hexagonaler Lösungsraum entworfen, der ein analytisches Entwurfsverfahren ermöglicht. Dieser Lösungsraum wird anschließend anhand eines Kostenmodells eingegrenzt und optimiert. Als Ergebnis dieses Verfahrens wird in Abschnitt 4.3.7 die **Petal-Architektur** präsentiert.

4.3.1 Anforderungen

Das gesuchte E/E-Architekturmodell soll folgende Anforderungen erfüllen:

1. **Generisch und flexibel:** Rechenknoten und Netzwerk müssen so konzipiert sein, dass Softwareinstanzen auf beliebigen Rechenknoten ausführbar sind und sich zur Laufzeit zwischen Hardwareinstanzen verschieben lassen. Zudem soll der Architekturansatz auf Netzwerke unterschiedlicher Größe und Funktionalität anwendbar sein.
2. **Kosten- und ressourceneffizient:** Der Hardwareoverhead soll minimiert werden, der Redundanzgrad soll $\rho < 2$ betragen.
3. **Fehlertolerant:** Das System darf keinen SPoF aufweisen. Bei Ausfall eines einzelnen Rechenknotens oder einer einzelnen Kommunikationsverbindung müssen genügend Systemressourcen verbleiben, um alle sicherheitskritischen Funktionen aufrechterhalten zu können.

Der Fokus des folgenden Abschnitts liegt auf der qualitativen Strukturanalyse im Zusammenhang mit der proaktiven Fehlertoleranz. Die quantitative Optimierung von Hard- und Software in Bezug auf Rechenleistung, Speicherkapazitäten, Bandbreite und Latenz sowie deren Allokation ist bereits Gegenstand zahlreicher Arbeiten und muss anwendungsspezifisch umgesetzt werden.

4.3.2 Struktureller Ansatz

Das Wesen eingebetteter Systeme (engl. *Embedded Systems*), zu denen auch die Straßenfahrzeuge zählen, liegt in der Interaktion mit ihrer physischen Peripherie. Diese Interaktion erfordert spezifische Schnittstellen zu Sensoren und Aktoren, welche das Verhalten des eigentlichen technischen Produkts ausmachen. Waren Softwarefunktionen anfangs an spezialisierte Steuergeräte mit entsprechenden Schnittstellen gebunden, verlagern Entwickler nun zunehmend Code in Domänencontroller, Zonencontroller oder Zentralcomputer. Dieser eingangs beschriebene Trend zur Hardwarekonsolidierung löst funktionale Abhängigkeiten auf, setzt Synergien frei und erleichtert eine dynamische Softwarestruktur, welche auch eine Voraussetzung für die agentenbasierte Fehlertoleranz darstellt. Die extremste Form der Zentralisierung stellt ein hypothetisches Zentralsteuergerät dar, das unmittelbar mit allen Sensoren und Aktoren im Fahrzeug verbunden ist. Ein solcher Ansatz würde zwar die potenziellen Synergieeffekte der Hardwarekonsolidierung vollständig ausschöpfen, wäre jedoch aufgrund seiner hohen Hardwareabhängigkeit weder generisch noch flexibel. Zudem würde er die Systemkomplexität konzentrieren, statt sie zu verringern und gleichzeitig die Skalierbarkeit des Kabelbaums verschlechtern, insbesondere wenn redundante Instanzen des Zentralsteuergeräts berücksichtigt werden.

Laut den in Abschnitt 4.3.1 definierten Anforderungen soll ein E/E-Architekturkonzept erarbeitet werden, das sowohl generisch und flexibel (Anforderung 1) als auch kosten- und ressourceneffizient (Anforderung 2) ist. Daher wird für diese Arbeit eine universelle Netzwerkarchitektur mit getrennten Peripherie- und Rechenknoten angenommen, die über ein fehlertolerantes Netzwerk verbunden sind. Die Auslagerung der Hardwareschnittstellen in dezentrale IO-Knoten minimiert die applikationsspezifische Verkabelung und vereinheitlicht das Bordnetz zu einem generischen Netzwerk. Gleichzeitig schafft sie die maximale Gestaltungsfreiheit bei der Optimierung der Rechenknoten im Hinblick auf Hardwareeffizienz und Redundanz. Diese Struktur erfüllt somit die Anforderungen an Generizität und Effizienz der E/E-Architektur. Vergleichbare Ansätze wurden bereits in den Forschungsprojekten RACE und SafeAdapt untersucht, vgl. Abschnitte 3.1.3 + 3.1.4, und werden im Folgenden weiterentwickelt.

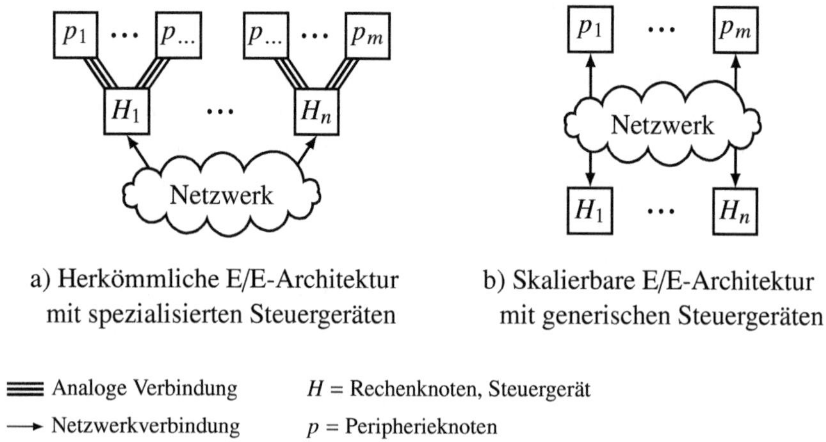

Abbildung 4.11: Applikationsspezifisches und universelles E/E-Architekturkonzept

Die dritte Anforderung verlangt nach einem Konzept zur Fehlertoleranz für diese generische und ressourceneffiziente Architektur. Im folgenden Abschnitt wird daher ein geeignetes Redundanzkonzept erarbeitet, das ein Maximum an Sicherheit mit einem Minimum an zusätzlichem Hardwareaufwand verbindet. Aufgrund der Auslagerung der physischen Schnittstellen in dezentrale Peripherieknoten bleiben diese applikationsspezifisch und divers, weshalb ihre Zuverlässigkeit kaum allgemein behandelbar ist. Der folgende Abschnitt setzt daher die Peripherieknoten als gegeben und sicher voraus und betrachtet zunächst die fehlertolerante Auslegung der Rechenknoten, sowie anschließend jene des zugehörigen Netzwerks.

4.3.3 Hexagonaler Lösungsraum fehlertoleranter Systeme

Im Folgenden wird der Lösungsraum für das gesuchte E/E-Architekturmodell ermittelt. Da die k-aus-n-Form die allgemeinste Beschreibung redundanter Systeme darstellt, vgl. Abschnitt 2.2.2, wird sie für die folgende Betrachtung herangezogen. Für k-aus-n-Systeme gelten folgende Zusammenhänge:

Satz I: Durch Hinzufügen eines Reservemoduls steigt die Zuverlässigkeit. Hierbei bleibt k konstant.

$$R_{k,n} \leq R_{k,n+1} \qquad \text{Gl. 4.42}$$

Beweis: Siehe Anhang A.1

Satz II: Wird ein System von mehr vorhandenen Modulen abhängig, sinkt die Zuverlässigkeit. Hierbei bleibt n konstant.

$$R_{k,n} \geq R_{k+1,n} \qquad \text{Gl. 4.43}$$

Beweis: Siehe Anhang A.2

Satz III: Wird ein System bei konstanter Zahl an Reservemodulen von mehr Modulen abhängig, sinkt die Zuverlässigkeit. Hierbei bleibt r konstant.

$$R_{k,n} \geq R_{k+1,n+1} \qquad \text{Gl. 4.44}$$

Beweis: Siehe Anhang A.3

Abbildung 4.12 fasst die Sätze I - III in einem Graphen zusammen. Jeder Knoten steht für die Zuverlässigkeit einer k-aus-n-Konstellation. Jede der gerichteten Kanten steht für einen Satz und weist von einer kleineren zu einer größeren Zuverlässigkeit. Somit beschreibt der Graph die allgemeine, relative Zuverlässigkeit von k-aus-n-Systemen.

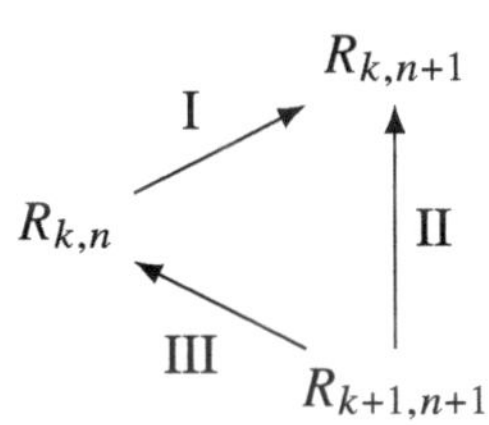

Abbildung 4.12: Allgemeine, relative Zuverlässigkeit von k-aus-n-Systemen

Durch rekursive Anwendung und Einschränkung auf positive natürliche Zahlen entsteht die vollständige Beschreibung der relativen Zuverlässigkeit von k-aus-n-Systemen, wie sie in Abbildung 4.13 dargestellt ist. Zur besseren Lesbarkeit

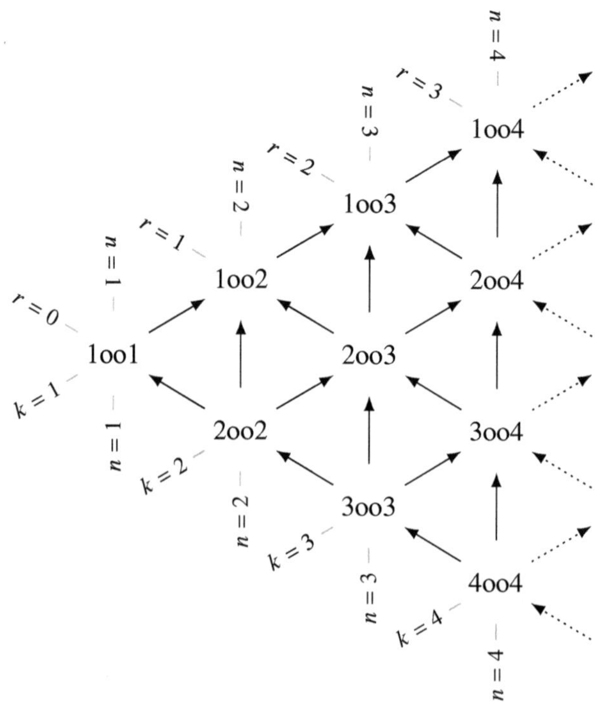

Abbildung 4.13: Relative Zuverlässigkeit von k-aus-n-Systemen

wird die *koon*-Notation (Abk. engl. *k-out-of-n*) verwendet. Die Kanten beziehen sich weiterhin auf die Zuverlässigkeit $R_{k,n}$ der jeweiligen Konfiguration.

Abbildung 4.13 stellt die relative Zuverlässigkeit von k-aus-n-Systemen als Graph mit gerichteten Kanten dar. Der Knoten 1oo1 (*1-out-of-1*) steht mit $k = 1$, $n = 1$ und $r = 0$ für eine einzelne Einheit. Diese ist zuverlässiger als ein 2oo2-System, das von 2 Einheiten abhängig ist. Ein 1oo2-System aus zwei redundanten Einheiten weist jedoch eine höhere Zuverlässigkeit auf als beide Systeme. Die Darstellung ist unabhängig vom quantitativen Zuverlässigkeitswert der Einheiten und lässt sich auf beliebige k-aus-n-Konstellationen erweitern.

Die Sätze I - III bilden in ihrer grafischen Entsprechung drei Achsen k, n und r, für die der jeweilige Parameter konstant bleibt. Dass diese dennoch eine 2-dimensionale Ebene aufspannen, spiegelt die Tatsache wider, dass die drei Parameter gemäß Gl. 2.20 abhängig voneinander sind. Die Reihe $r = 0$ enthält mit $k = n$ alle seriellen Systeme, während die Reihe $k = 1$ die parallelen Systeme umfasst. Die Reihe $r = 1$ dagegen steht für alle N+1-Systeme, gefolgt von Reihe $r = 2$ für die N+2-Systeme etc.

Diese Darstellung enthält alle zeitunabhängigen Zusammenhänge von k-aus-n-Systemen. Relationen, die aus dieser Darstellung nicht eindeutig hervorgehen, sind abhängig von der Zuverlässigkeit $R(t)$ der Einzelmodule und somit von der Zeit. Beispielsweise ist ein 2oo3-System gemäß Abbildung 2.9 nur bis $R(t) = \frac{1}{2}$ bzw. $t = \frac{ln(2)}{\lambda}$ zuverlässiger als ein Einzelmodul (1oo1). Durch die höhere Gesamtzahl an Modulen ist sie bei langen Missionszeiten eher von Nachteil. Wie aus Abbildung 2.9 hervorgeht, konvergiert die Systemzuverlässigkeit für kurze Missionszeiten $t \ll \frac{1}{\lambda}$ gegen die der Parallelanordnung mit gleicher Reserve r. So konvergiert z. B. für $t \longrightarrow 0$ der Wert $R_{2,3}(t)$ gegen $R_{1,2}(t)$. Die Zahl der Reservemodule r ist demnach ausschlaggebend für die Systemzuverlässigkeit.

$$R_{k,n}(t) \approx R_{1,n-k}(t) \quad \text{wenn} \quad t \ll \frac{1}{\lambda} \qquad \text{Gl. 4.45}$$

Für lange Missionszeiten $t \gg \frac{1}{\lambda}$ ist die Zahl der erforderlichen Module k ausschlaggebend. Da in diesen Zeiträumen die Reservemodule bereits mit zunehmender Wahrscheinlichkeit verbraucht sind, konvergiert die Gesamtzuverlässigkeit gegen die der entsprechenden seriellen Anordnung. Beispielsweise konvergiert für $t \longrightarrow \infty$ der Wert $R_{2,3}(t)$ gegen $R_{2,2}(t)$.

$$R_{k,n}(t) \approx R_{k,k}(t) \quad \text{wenn} \quad t \gg \frac{1}{\lambda} \qquad \text{Gl. 4.46}$$

Ein Maximum an Zuverlässigkeit, insbesondere bei langen Missionszeiten, kann durch Maximierung des Reservewertes r erzielt werden. Dieser Teil des Lösungsraums ist in Abbildung 4.13 im oberen Bereich der Grafik dargestellt und geht mit hohem Ressourcenaufwand einher. Für die Ressourceneffizienz ist jedoch der Redundanzgrad ρ, also das Verhältnis vorhandener Ressourcen zu benötigten Ressourcen, ausschlaggebend.

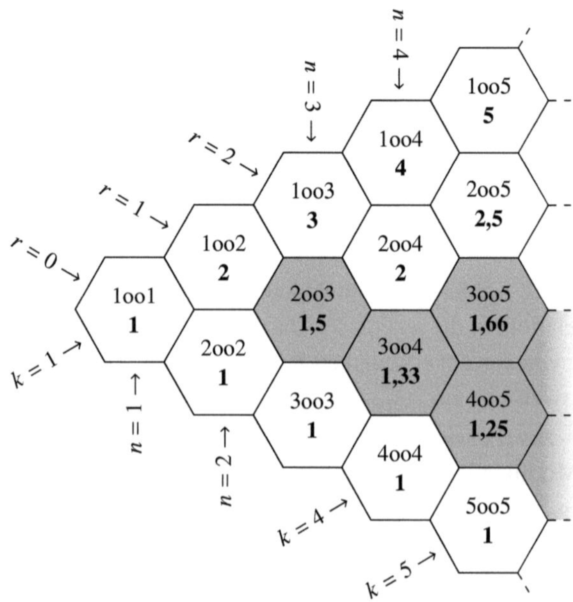

Abbildung 4.14: Redundanzgrad ρ von k-aus-n-Systemen

Abbildung 4.14 erweitert daher den Graphen aus Abbildung 4.13 zu einem **hexagonalen Lösungsraum** und ordnet jeder k-aus-n-Konfiguration einen Redundanzgrad ρ gemäß Gl. 2.21 zu. Deutlich erkennbar ist die vertikale Verteilung mit $\rho = 1$ am unteren Rand und linear steigendem, relativem Overhead am oberen Rand der Grafik. Zur Sicherstellung von Fehlertoleranz ist ein absoluter Hardwareoverhead $r > 0$ erforderlich. Da aufgrund der kurzen Missionszeiten im Automotive-Bereich die Annahme $t \ll \frac{1}{\lambda}$ gilt, können hohe Redundanzgrade mit $r > 2$ vernachlässigt werden, vgl. ISO 26262-5 C.1.2 [40]. Zur Optimierung der Ressourceneffizienz muss zudem ein möglichst niedriger relativer Overhead, zumindest aber $\rho < 2$ erzielt werden. Die für diese Arbeit relevanten Konfigurationen mit $1 < \rho < 2$ und $1 \leq r \leq 2$ sind in Abbildung 4.14 grau hinterlegt. Die betrachteten Aspekte führen zur Lösung $r = 1$ und $k \longrightarrow \infty$, also einer Minimierung der Hardwarekosten durch maximale Fragmentierung. Dies widerspricht der ursprünglichen Annahme einer Kosteneinsparung durch größtmögliche Konsolidierung. Dieser scheinbare Widerspruch lässt sich anhand eines detaillierteren Kostenmodells auflösen.

4.3.4 Kostenmodell zur Eingrenzung des Lösungsraums

Im folgenden Abschnitt wird ein Kostenmodell für E/E-Architekturen zur Eingrenzung des Lösungsraums und qualitativen Abschätzung ihrer Skalierbarkeit beschrieben. In diesem Modell können sich Kosten sowohl auf finanzielle Kosten beziehen als auch auf physische Parameter wie Gewicht und Bauraum. Die Systemkosten einer E/E-Architektur setzen sich aus Gerätekosten c_{dev} und Netzwerkkosten c_{net} zusammen:

$$c_{\mathrm{sys}} = c_{\mathrm{dev}} + c_{\mathrm{net}} \qquad \text{Gl. 4.47}$$

Die Kosten der Peripherieeinheiten werden hier nicht betrachtet. Zudem werden die Rechenknoten als baugleich angenommen. Somit entsprechen die Gerätekosten den Gesamtkosten der Rechenknoten $c_{\mathrm{e,ges}}$ und es gilt:

$$c_{\mathrm{dev}} = c_{\mathrm{e,ges}} = \sum_{i=1}^{n} c_{\mathrm{e},i} = n \cdot c_{\mathrm{e}} \qquad \text{Gl. 4.48}$$

Die Kosten c_{e} eines Rechenknotens bestehen aus variablen Kosten $c_{\mathrm{e,var}}$ und Fixkosten $c_{\mathrm{e,fix}}$:

$$c_{\mathrm{e}} = c_{\mathrm{e,var}} + c_{\mathrm{e,fix}} \qquad \text{Gl. 4.49}$$

Die variablen Kosten sind direkt proportional zu den technischen Leistungsdaten wie Rechenleistung, Speicher etc., während unter den Fixkosten alle Kosten subsummiert werden, die pro Steuergerät unabhängig von der Leistung anfallen. Da die für das Gesamtsystem funktional erforderlichen Ressourcen auf k aktive Instanzen verteilt werden, lauten die variablen Kosten pro Steuergerät:

$$c_{\mathrm{e,var}} = \frac{c_{\mathrm{e,ges,var}}}{k} \qquad \text{Gl. 4.50}$$

Der relative Fixkostenanteil $c_{\text{fix,rel}}$ beschreibt den Anteil der Fixkosten an einem hypothetischen Zentralsteuergerät, das alle Rechenknoten in einem einzigen Gerät vereint, und ist definiert als:

$$c_{\text{fix,rel}} = \frac{c_{\text{e,fix}}}{c_{\text{e,ges,var}} + c_{\text{e,fix}}} \qquad \text{Gl. 4.51}$$

Mit $n = k + r$ lauten die Gesamtkosten:

$$c_{\text{e,ges}} = (k + r)\left(\frac{c_{\text{e,ges,var}}}{k} + c_{\text{e,fix}}\right) \qquad \text{Gl. 4.52}$$

Setzt man

$$\frac{\partial}{\partial k} c_{\text{e,ges}} = c_{\text{e,fix}} - \frac{r \cdot c_{\text{e,ges,var}}}{k^2} = 0 \qquad \text{Gl. 4.53}$$

erhält man durch Auflösen nach k die ressourcenoptimale Anzahl aktiv genutzter Rechenknoten k_{opt}:

$$k_{\text{opt}} = \sqrt{r \cdot \frac{c_{\text{e,ges,var}}}{c_{\text{e,fix}}}} = \sqrt{r\left(\frac{1}{c_{\text{fix,rel}}} - 1\right)} \qquad \text{Gl. 4.54}$$

Beispiel: Mit einer einzigen Reserveeinheit, also $r = 1$, und einem Fixkostenanteil von 10 %, also $c_{\text{fix,rel}} = \frac{1}{10}$, lautet $k_{\text{opt}} = \sqrt{9} = 3$. Die ressourceneffizienteste fehlertolerante Konfiguration ist in diesem Fall ein 3+1- bzw. 3oo4-System.

Da Gl. 4.54 eine kontinuierliche Lösung darstellt, k bzw. n jedoch nur diskrete Werte annehmen können, kann durch Rundung auf die nächstgelegene natürliche Zahl in den meisten Fällen ein optimaler Wert gefunden werden. Das tatsächliche Optimum lässt sich über die Sprungstellen ermitteln, an denen zwei aufeinander folgende Lösungen die selben Kosten aufweisen:

$$c_{\text{e,ges}}(k) = c_{\text{e,ges}}(k + 1) \qquad \text{Gl. 4.55}$$

Durch Einsetzen und Auflösen nach $c_{\text{fix,rel}}$ erhält man die Sprungstellen der diskreten Lösung:

$$c_{\text{fix,rel}} = \frac{r}{k^2 + k + r} \quad \text{mit} \quad k, r \in \mathbb{N}^+ \qquad \text{Gl. 4.56}$$

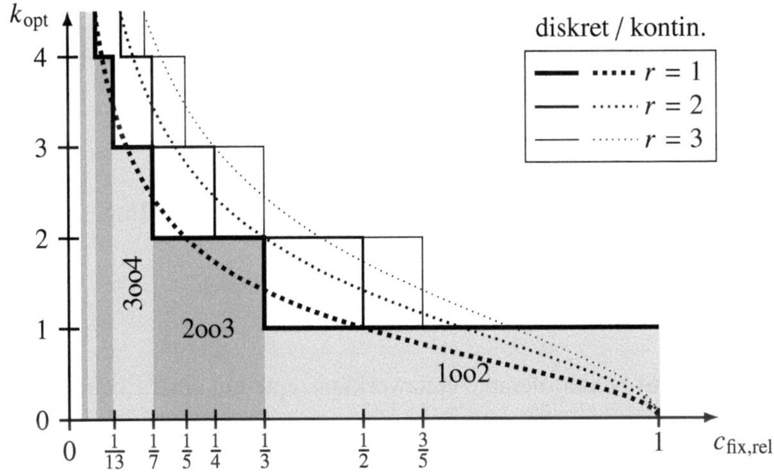

Abbildung 4.15: ressourcenoptimale Anzahl aktiver Rechenknoten k_{opt}

Abbildung 4.15 zeigt die optimale Anzahl aktiv genutzter Steuergeräte k_{opt} in Abhängigkeit von den Fixkosten $c_{fix,rel}$ und der Anzahl der Reserveeinheiten r. Der Verlauf der kontinuierlichen Lösung ist monoton fallend, da mit steigenden Fixkosten die Zahl der aktiven Einheiten sinkt. Bei konstanten Fixkosten steigt die Zahl der aktiven Einheiten mit zunehmender Zahl an Reserveeinheiten. Deutlich zu erkennen ist, dass echte N+1-Redundanz vor allem dann ressourcenoptimal ist, wenn der Fixkostenanteil $c_{fix,rel} < \frac{1}{3}$ beträgt. Darüber ist Zweifachredundanz, also im vorliegenden Fall die Verdopplung des Zentralrechners, die optimale Lösung.

Dieses Modell beschreibt die ressourcenoptimale Auslegung einer fehlertoleranten E/E-Architektur. In realen Anwendungsfällen müssen zahlreiche weitere Aspekte berücksichtigt werden. Die qualitative Aussage des Modells bleibt jedoch bestehen, dass in Fällen, in denen die Fixkosten pro Hardwareeinheit dominieren, eine geringere Fragmentierung und somit eine niedrige Anzahl an Geräten optimal ist. Stehen die variablen Kosten im Vordergrund, liegt das Kostenoptimum in einer stärkeren Fragmentierung der Rechenknoten.

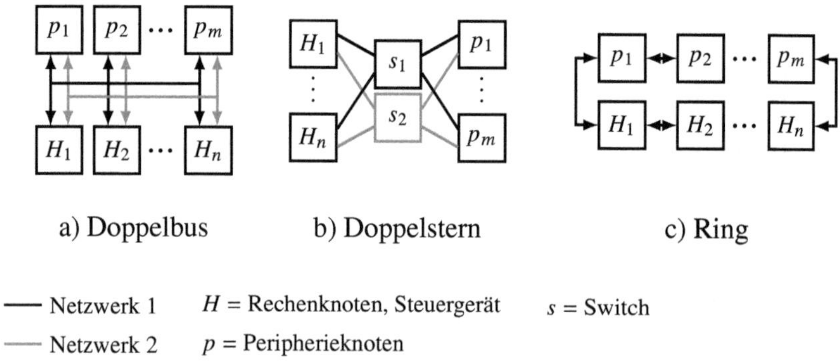

Abbildung 4.16: Fehlertolerante Netzwerkkonzepte mit einer Ebene

4.3.5 Lösungsraum der Netzwerktopologie

Nachdem das Vorgehen zur Auslegung einer generischen, ressourceneffizienten und fehlertoleranten Rechnerkonstellation beschrieben wurde, wird im folgenden Abschnitt der Entwurf einer Netzwerktopologie vorgestellt, die diese Anforderungen erfüllt. Die Live-Migration von Diensten erfordert eine zuverlässige und breitbandige Verbindung der Rechenknoten untereinander. Um auf Netzwerke unterschiedlicher Größe und Funktionalität anwendbar zu sein, muss der Architekturansatz allerdings auch kostengünstige Bussysteme unterstützen. Zudem muss das Netzwerk den Agenten auch bei Ausfall eines Zonencontrollers die Kommunikation zur gesamten sicherheitskritischen Peripherie garantieren, ohne den Ressourcenaufwand hierfür zu vervielfachen. Obwohl die Zuverlässigkeit der Peripherieeinheiten nicht betrachtet wird, soll die Kommunikation zu diesen jederzeit gewährleistet sein. Daher betrachtet der folgende Abschnitt die Skalierbarkeit, Ressourceneffizienz und Fehlertoleranz des Netzwerks unter Berücksichtigung von Anforderung 3, dass die Kommunikation zu jeder Peripherieeinheit fehlertolerant gegen unabhängige Einzelfehler sein soll. Dazu wird zunächst eine Auswahl geeigneter Basistopologien getroffen. Anschließend wird deren Skalierbarkeit in Bezug auf Ressourceneffizienz und Bandbreite untersucht und die gewählte Topologie weiteren Optimierungsschritten unterzogen. Zuletzt wird anhand von Implementierungsbeispielen ein Bezug zu praktischen Anwendungen im Automobilbereich hergestellt.

Abschnitt 2.2.3 beschreibt sechs fehlertolerante Netzwerktopologien. Die Topologien *Leitungsredundanz*, *Stern-Ringtopologie* und *allgemein vermaschtes Netzwerk* werden von der näheren Betrachtung ausgeschlossen, da sie keine vollständige Fehlertoleranz ermöglichen. Im Folgenden werden daher die drei Topologien *Doppelbus*, *Doppelstern* und *Ring* betrachtet. Abbildung 4.16 zeigt diese drei Konzepte angewandt auf den in Abschnitt 4.3.2 beschriebenen Ansatz mit getrennten Rechen- und IO-Knoten.

In allen drei Konzepten stellt die Bandbreite einen limitierenden Faktor für die Skalierbarkeit dar. Bei der Bus-Topologie nutzen alle Teilnehmer ein gemeinsames Medium. Bei großer Teilnehmerzahl oder großem Bedarf an Bandbreite einzelner Teilnehmer bildet dieses Medium einen Engpass und begrenzt die Skalierbarkeit. In der beschriebenen Stern-Topologie besitzt zwar jeder Teilnehmer eine exklusive Netzwerkanbindung, allerdings stellt der Switch ein gemeinsam genutztes Medium und somit einen limitierenden Faktor für die Bandbreite dar. Zudem geht die Stern-Topologie mit einer großen Zahl paralleler Leitungen in der Nähe des zentralen Knotenpunkts einher, was einen strukturellen Mangel in der Ressourceneffizienz dieser Topologie offenbart. Die Ringtopologie kann ebenfalls zu starker Netzwerkauslastung führen, da eine einzelne Verbindung nicht nur den Datenverkehr benachbarter Endpunkte, sondern auch weit entfernter Netzwerkteilnehmer transportieren muss.

Eine deutlich bessere Skalierbarkeit wird durch eine hierarchische Netzwerktopologie möglich. Diese nutzt die Tatsache, dass Kommunikation häufiger zwischen benachbarten oder funktional verwandten Netzwerkteilnehmern stattfindet, als zwischen entfernten oder funktional verschiedenen. Diese sogenannte räumliche Lokalität des Netzwerkverkehrs ermöglicht es, lokale Verkehre voneinander sowie vom Fernverkehr zu trennen [7]. Ein weiterer Vorteil von Mehrschicht-Netzwerken liegt darin, dass die jeweiligen Subnetzwerke unabhängig voneinander auf unterschiedliche Anwendungen hin optimiert werden können. Da automobile Bordnetze eine begrenzte Ausdehnung haben und sich im Automobilsektor Netzwerke mit zwei Ebenen bewährt haben, beschränkt sich diese Arbeit darauf. Hierbei stellt jedes Subnetzwerk eine Zone dar. Abbildung 4.17 zeigt drei Netzwerktopologien, die jeweils zwei Ebenen besitzen und eine homogene Subtopologie aus Bus-, Stern- bzw. Ringnetzen aufweisen. Um Fehlertoleranz sicherzustellen, enthält jede Zone mindestens zwei Zonencon-

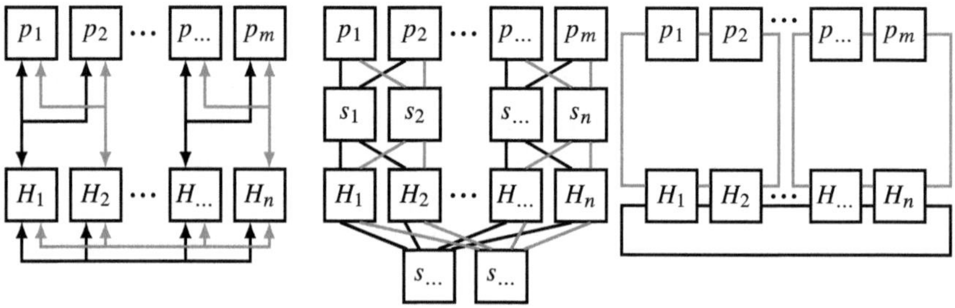

a) Doppelbus auf zwei Ebenen b) Doppelstern auf zwei Ebenen c) Ring auf zwei Ebenen

Getrennte Netzwerke H = Rechenknoten, Steuergerät

s = Switch p = Peripherieknoten

Abbildung 4.17: Fehlertolerante Netzwerkkonzepte mit zwei Ebenen

troller. Proxy- bzw. Gatewaydienste können jedem Zonencontroller den Zugang zu jedem Peripherieknoten ermöglichen, vorausgesetzt die Anforderungen an Latenz und Bandbreite sind erfüllt.

4.3.6 Eingrenzung des Lösungsraums anhand des Kostenmodells

Der folgende Abschnitt untersucht die qualitative Kostenentwicklung der vorgestellten Netzwerktopologien in Abhängigkeit von der Zahl der Netzwerkteilnehmer und Zonen. Die Netzwerkkosten c_{net} enthalten die Kosten der Netzwerkverbindungen $c_{\text{c,ges}}$ sowie der Switches $c_{\text{s,ges}}$. Außerdem ist p die Zahl der Verbindungen und q die Zahl der Switches.

$$\begin{aligned} c_{\text{net}} &= c_{\text{c,ges}} + c_{\text{s,ges}} \\ &= \sum_{i=1}^{p} c_{\text{c},i} + \sum_{i=1}^{q} c_{\text{s},i} \end{aligned} \qquad \text{Gl. 4.57}$$

Die Switches werden als baugleich angenommen. Daher gilt:

$$c_{\text{s},i} = c_{\text{s}} \quad \text{für alle} \quad i \in \{1...q\} \qquad \text{Gl. 4.58}$$

Da die Anzahl der Verbindungen maßgeblichen Einfluss hat auf wesentliche Kostenfaktoren wie die Zahl der Steckverbinder und Kontakte sowie den zugehörigen Fertigungs- und Montageaufwand, wird für alle Verbindungen zwischen zwei Hardwarekomponenten ein konstanter Kostenfaktor angenommen. Der Einfluss von Leitungslängen, Kabeltypen und weiterer technischer Details wird in dieser qualitativen Untersuchung nicht betrachtet. Daher gilt folgende Annahme:

$$c_{\mathrm{c},i} = c_\mathrm{c} \quad \text{für alle} \quad i \in \{1 \ldots p\} \qquad \text{Gl. 4.59}$$

Somit lauten die Netzwerkkosten:

$$c_\mathrm{net} = p \cdot c_\mathrm{c} + q \cdot c_\mathrm{s} \qquad \text{Gl. 4.60}$$

Eine Doppelbus-Topologie gemäß Abbildung 4.16a besteht aus einer kettenförmigen Verbindung aller Netzwerkteilnehmer. Ihre Kosten sind daher direkt proportional zur Zahl der Netzwerkteilnehmer:

$$c_\mathrm{net} = 2(n + m - 1)c_\mathrm{c} \qquad \text{Gl. 4.61}$$

Die Kosten eines Doppelsterns gemäß Abbildung 4.16b beinhalten zusätzlich die Kosten für die Switches:

$$c_\mathrm{net} = 2c_\mathrm{s} + 2(n + m)c_\mathrm{c} \qquad \text{Gl. 4.62}$$

Die Kosten für die Ringtopologie aus 4.16c beinhalten lediglich eine Verbindung pro Teilnehmer und betragen:

$$c_\mathrm{net} = (n + m)c_\mathrm{c} \qquad \text{Gl. 4.63}$$

Somit geht die Ringtopologie eindeutig als günstigste fehlertolerante Topologie mit einer Ebene aus dem Vergleich hervor. Dies wird durch die Verwendung eines vergleichbaren Ansatzes in Projekten wie SPARC, RACE und SafeAdapt bestätigt, vgl. Kapitel 3.1.

Die Kosten eines zweischichtigen Doppelbussystems gemäß Abbildung 4.17a sind gemäß dem vorgestellten Modell identisch zu einer Topologie mit einer

Ebene und somit unabhängig von der Zahl der Zonen. Dies ist darauf zurückzuführen, dass beide Netzwerke durch jeweils zwei ausgehende Verbindungen von jedem Netzwerkteilnehmer abzüglich des letzten darstellbar sind. Somit lauten die Netzwerkkosten:

$$c_{\text{net}} = 2(n + m - 1)c_{\text{c}} \qquad \text{Gl. 4.64}$$

Eine zweischichtige Stern-Topologie entspricht einer Baumtopologie. In Abbildung 4.17b ist eine fehlertolerante Variante mit einer Doppelsternstruktur pro Ebene dargestellt. Die Zahl der Zonen ist z. Das Modell sieht zwei Switches sowie mindestens zwei Steuergeräte und beliebig viele Peripherieeinheiten pro Zone vor. Die Zonen sind untereinander über eine Doppelsternstruktur miteinander verbunden. Die Netzwerkkosten belaufen sich auf:

$$c_{\text{net}} = (2z + 2)c_{\text{s}} + (4n + 2m)c_{\text{c}} \qquad \text{Gl. 4.65}$$

Abbildung 4.17c zeigt eine Netzwerkstruktur aus einem zweischichtigen Ringnetzwerk. Hierbei enthält ein ringförmiges Kernnetzwerk alle Zonencontroller. Die Peripherieeinheiten sind in z Zonen zusammengefasst, die jeweils ein Ringnetzwerk sowie mindestens zwei Zonencontroller umfassen. Somit gehört jeder Zonencontroller dem Kernnetzwerk sowie einem Zonennetzwerk an, wodurch die Netzwerkkosten folgendermaßen lauten:

$$c_{\text{net}} = (2n + m)c_{\text{c}} \qquad \text{Gl. 4.66}$$

Sowohl in der einfachen als auch in der zweischichtigen Variante zeigt die Ringtopologie die beste Skalierbarkeit in Bezug auf die Kosten. Da ein hierarchischer Ansatz zudem in Bezug auf Bandbreite besser skaliert, wird für diese Arbeit die zweischichtige Ringtopologie als optimaler Ansatz ausgewählt. Zur quantitativen Auslegung realer Bordnetze sind zahlreiche weitere Abhängigkeiten zu berücksichtigen. Ziel dieser Arbeit ist die qualitative Approximation des Skalierungsverhaltens fehlertoleranter Topologien sowie der Entwurf eines geeigneten Architekturansatzes.

4.3.7 Optimierung des Lösungsansatzes zur Petal-Architektur

Die im vorangegangenen Abschnitt ausgewählte zweischichtige Ringtopologie setzt eine statische Form der Redundanz auf Basis geschlossener Ringprotokolle voraus. Die Methode zur proaktiven Fehlertoleranz mit dynamischer Ressourcen-Reallokation erschließt allerdings weitere Optimierungspotentiale. Können Hardwarefehler zuverlässig prognostiziert werden, ist kein statischer Ringschluss auf Protokollebene mehr erforderlich, sofern das Netzwerk jederzeit eine proaktive Rekonfiguration ermöglicht. Entfällt dieser Ringschluss zwischen zwei Rechenknoten einer Zone, bildet das Peripherienetz eine serielle Verbindung zwischen diesen Controllern. Durch Zuordnung der Zonencontroller zu jeweils zwei Zonennetzwerken entsteht die Topologie aus Abbildung 4.18. Im Vergleich zur Struktur in Abbildung 4.17c bleibt die Anzahl der Verbindungen pro Rechenknoten unverändert. Gleichzeitig verdoppeln sich jedoch die direkten Zugriffsmöglichkeiten der Zonencontroller auf die IO-Knoten. Dadurch erhöhen sich die Freiheitsgrade für die Software, während die Fehlertoleranz gewahrt bleibt. Da jeder Zonencontroller mit zwei Zonennetzwerken verbunden ist, ergeben sich erweiterte Möglichkeiten zur optimalen Allokation der Agenten – auch im Fehlerfall. Aufgrund der bogenförmigen Anordnung der Peripherienetzwerke zwischen den Zonencontrollern, die optisch an Blütenblätter erinnert, wird diese Struktur im Folgenden als *Petal-Topologie* bezeichnet.

4.3.8 Konzept zur Implementierung

Die in Abschnitt 4.3.7 beschriebene Petal-Topologie setzt Punkt-zu-Punkt-Verbindungen zwischen alle Netzwerkteilnehmern voraus. Implementierungen hierfür liegen derzeit hauptsächlich auf Basis von Automotive Ethernet vor. Um für reale Anwendungen geeignet zu sein, muss ein E/E-Architekturkonzept auch auf andere Protokolle und Bussysteme anwendbar sein und zahlreiche Anwendungen mit stark unterschiedlichen Anforderungen an Kosteneffizienz, Bandbreite und Sicherheit unterstützen. Dies erfordert ein Konzept zur Implementierung der vorgeschlagenen Topologie unter Berücksichtigung etablierter Technologien. Abbildung 4.19 zeigt einen solchen Ansatz.

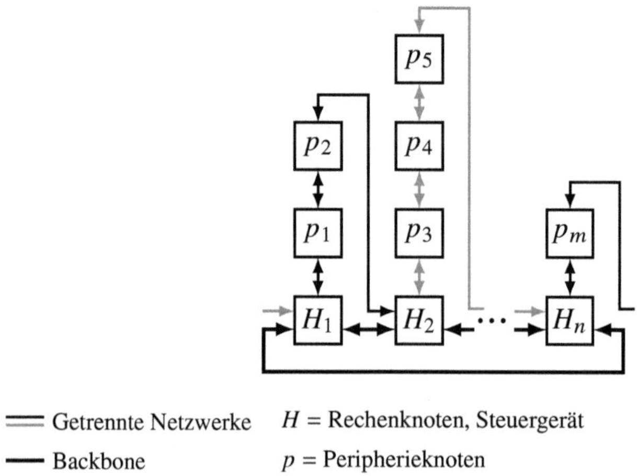

Abbildung 4.18: Petal-Topologie

In Anlehnung an das Berechnungsbeispiel in Abschnitt 4.3.6 ist das Netzwerk in $z = 4$ sich teilweise überlappende Zonen mit jeweils einem generischen Zonencontroller (a) eingeteilt. Alle Zonencontroller sind gleichermaßen Ziel für Softwareagenten und ihre zugehörigen Anwendungen, deren dynamische Migration ein breitbandiges Kernnetzwerk erfordert. Der Ethernet-Stack stellt hierfür umfangreiche Werkzeuge und standardisierte Redundanzprotokolle wie RSTP oder SPB (IEEE 802.1aq) zur Verfügung.

Peripherie-Knoten (b-h) besitzen sehr unterschiedliche Anforderungen bezüglich Bandbreite, Timing, Kosten und Sicherheit, die den Einsatz unterschiedlicher Busprotokolle erfordern. Für sicherheitskritische Anwendungen mit hohen Bandbreitenanforderungen ist der Einsatz weiterer Ethernet-Ringe (e, h) oder eine doppelte Punkt-zu-Punkt-Anbindung (g) sinnvoll, falls dies durch ein entsprechendes Redundanz-Protokoll unterstützt wird. Die einheitliche Netzwerktechnologie ermöglicht den nahtlosen Einsatz dienstorientierter Kommunikation. Die Skalierbarkeit solcher Subnetzwerke wird allerdings durch Bandbreite- und Timing-Anforderungen begrenzt, da mit der Zahl der Teilnehmer die Netzwerkauslastung und -latenz kumuliert. Busprotokolle (b, d, f) wie LIN, CAN oder FlexRay weisen günstigere Skalierungseigenschaften auf und

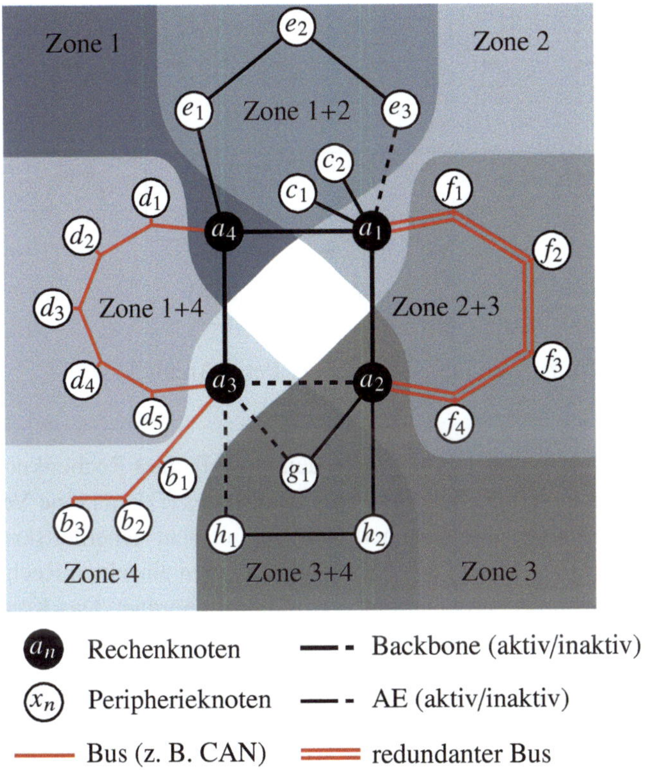

Abbildung 4.19: Petal-Architektur

eignen sich besonders für kostensensible Anwendungen. Das CAN-Protokoll ist zudem Multi-Master-fähig. Der Einsatz von LIN und FlexRay setzt dagegen eine Lösung für die Migration der Master-Rolle bzw. die Aufrechterhaltung der Synchronisation im Fehlerfall voraus. Um eine dienstorientierte Kommunikation zu ermöglichen, erfordern alle Busprotokolle eine Gateway-Funktion im Zonencontroller.

Durch die Anbindung an zwei Zonencontroller können sicherheitskritische Knoten zwei Zonen zugeordnet werden (d-h), die sich im Bereich dieser Knoten überlappen. Die zusätzliche Verbindung kombiniert Fehlertoleranz mit mini-

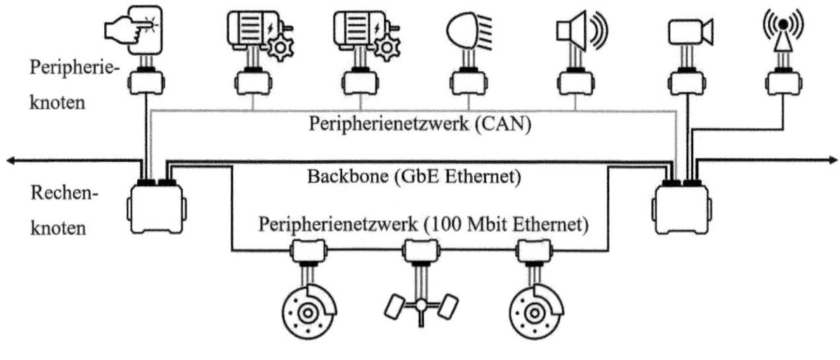

Abbildung 4.20: Anwendungsbeispiel der Petal-Architektur

malen Zusatzkosten und schützt gegen den Ausfall eines Rechenknotens oder Leitungsbruch. Durch die Verdoppelung des Busses (f) kann eine Verbindung zudem gegen Kurzschlüsse gesichert werden. Für nicht sicherheitskritische Peripherieknoten (b, c) genügt die Anbindung an einen einzelnen Rechenknoten. Sie sind dementsprechend einer einzigen Zone zugeordnet. Das Konzept lässt zudem den parallelen Einsatz mehrerer Subnetzwerke im selben Zonenverbund zu (g, h).

Abbildung 4.20 zeigt ein Anwendungsbeispiel dieser Architektur. Die Rechenknoten sind über ein 1000BASE-T1 Ringnetzwerk mit SPB miteinander verbunden. Von den Zonencontrollern zweigen sich mehrere Subnetzwerke in Ethernet- und CAN-Technologie ab. Diese verbinden das Netzwerk mit zahlreichen Peripherieknoten unterschiedlicher Domänen. Somit wird deutlich, dass es sich bei der Petal-Architektur nicht um eine Domänen-, sondern um eine Zonen-Architektur handelt. Deutlich zu erkennen ist, dass sicherheitskritische Anwendungen wie Lenkung und Bremsen mit zwei Zonencontrollern verbunden sind, während Komfortfunktionen wie Infotainment und Mobilfunk über eine einfache Anbindung verfügen.

Die Darstellung im Gesamtfahrzeug-Kontext ist in Abbildung 4.21 zu sehen. In diesem Beispiel ist das Fahrzeug in $z = 3$ Zonen eingeteilt. Jeder Zonencontroller besitzt zwei Applikationen sowie freie Ressourcen für eine dritte Anwendung. Die Farbgebung signalisiert die Zuordnung der Zonencontroller sowie der Peripherieknoten zu einer oder zwei Zonen. In Zone 1 wird daraufhin

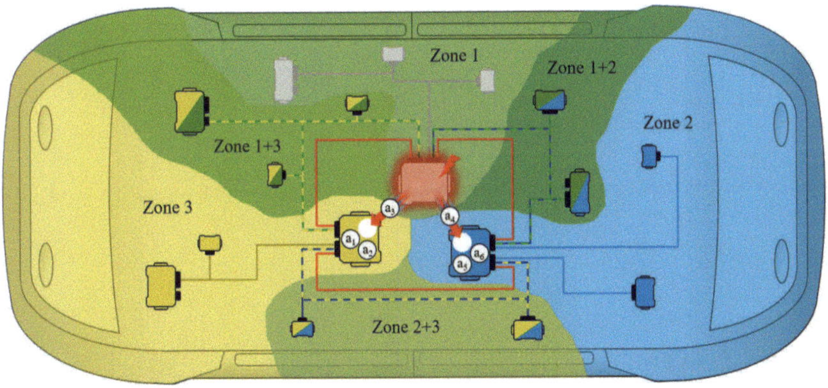

Abbildung 4.21: Proaktive Migration von Diensten in einer Petal-Architektur

ein Ausfall prognostiziert. Die Agenten der dort allokierten Applikationen leiten ihre Migration auf die beiden benachbarten Rechenknoten ein. Die Anwendungen werden dabei unterbrechungsfrei fortgeführt, der Datenstrom zu allen sicherheitsrelevanten Peripherieknoten bleibt bestehen. Lediglich die einfach angebundenen Komfortfunktionen aus Zone 1 werden deaktiviert, was durch die graue Einfärbung angezeigt wird.

4.3.9 Zusammenfassung

In diesem Kapitel wurde das Konzept für die Hardwareeinbindung der Methode zur proaktiven Fehlertoleranz beschrieben. Hierzu wurden zahlreiche Aspekte bezüglich Kosten, Skalierbarkeit, Timing, Konnektivität und Ressourceneffizienz beleuchtet und ihre Relevanz im Zusammenhang mit der zuvor beschriebenen Methode dargestellt. Es wurde eine Methode vorgestellt, um aus einem hexagonalen Lösungsraum eine für den jeweiligen Anwendungsfall optimale Redundanz-Architektur abzuleiten. Zudem wurde in Form der Petal-Architektur ein Konzept für eine fehlertolerante, skalierbare E/E-Architektur zukünftiger Fahrzeuggenerationen vorgestellt. Eine wesentliche Frage ist nun die technische Umsetzbarkeit der Ausfallprognose sowie der unterbrechungsfreien Softwarereallokation in einem solchen Rechnerverbund. Dies wird im folgenden Kapitel empirisch nachgewiesen.

5 Implementierung

Das folgende Kapitel beschreibt die beispielhafte Implementierung der zuvor dargestellten Konzepte zur proaktiven Live-Migration von Fahrzeugfunktionen. Dabei wird zunächst in Abschnitt 5.1 die genutzte Hardwareplattform beschrieben. Im darauf folgenden Abschnitt 5.2 wird der Zusammenhang mit der IT-Security dargestellt. Es folgt eine Beschreibung der Implementierung der agentenbasierten Softwareimplementierung und ihrer Einbindung in den ASOA-Core. Zuletzt wird die Implementierung des Migrationsprozesses sowie der Autoorchestrierung behandelt.

5.1 Hardwareplattform

Hardwaregrundlage dieser Arbeit ist ein System aus zwei MPSoC **Zynq Ultrascale+** der Marke *Xilinx* bzw. *AMD* [1]. Diese integrieren einen *ARM Cortex-A53* Quad-Core-Prozessor, zwei *ARM Cortex-R5* Echtzeit-Prozessoren sowie einen Baustein mit Programmierbarer Logik (PL) in einem Halbleiterbaustein. Dieses System wurde bereits erfolgreich als sogenanntes **Stammhirn** im Projekt UNICAR*agil* eingesetzt und diente zur Echtzeit-Trajektorienregelung sowie zum sicheren Anhalten. Grundlage dieser Arbeit ist der Hauptprozessor **ARM Cortex-A53**, der mithilfe des Embedded-Linux-Betriebssystems **PetaLinux** [2] betrieben wird. [45, 59, 60]

5.2 Security

Die spontane Selbst-Reallokation von Agenten zwischen Rechenknoten erfordert einen Kommunikationskanal mit vollen gegenseitigen Zugriffsrechten zum Erstellen und Ausführen von Dateien ohne manuelle Freigabe. Die vollstän-

D. Niedballa, *Proaktive Fehlertoleranz in verteilten Echtzeitsystemen mit dynamischer Ressourcen-Reallokation*, Wissenschaftliche Reihe Fahrzeugtechnik Universität Stuttgart, https://doi.org/10.1007/978-3-658-48790-4_5

dige Offenlegung einer solchen Schnittstelle ohne Sicherheitsprüfung würde allerdings in einem realen Fahrzeugszenario eine unvertretbare Sicherheitslücke darstellen. In dieser Arbeit wird daher eine geschlossene Sicherheitszone auf Basis von Secure Shell (SSH) vorgeschlagen. Durch bilateralen Schlüsselaustausch erhalten alle Zonencontroller in einem Fahrzeug vollen Zugriff aufeinander, während der externe Zugriff durch ein Passwort geschützt wird. Aus Security-Sicht erscheint der fahrzeuginterne Rechnerverbund als ein einzelner Knoten. Technisch umgesetzt wird der Schlüsselaustausch durch Einfügen des Inhalts der eigenen Schlüsseldatei `~/.ssh/id_ed25519.pub` in die Datei `~/.ssh/authorized_keys` der jeweils anderen Knoten. Zudem ist die Aktivierung des passwortfreien Root-Zugriffs auf Basis von SSH-Schlüsseln in der Konfigurationsdatei `/etc/ssh/sshd_config` erforderlich.

5.3 Implementierung des Agenten

Die softwareseitige Implementierung erfolgte auf Basis der dienstorientierten Middleware ASOA, vgl. Abschnitt 2.4. Sie ermöglicht die Implementierung von Funktionalitäten in Form von Diensten, die von einem Orchestrator über ein Netzwerk zur Laufzeit miteinander verbunden werden können. Die vorliegende Arbeit erweitert die bestehende Lösung um einen Agenten-basierten Ansatz. Dabei ist jedem Agenten ein funktionaler Dienst als Klient zugeordnet, dem gegenüber er folgende Zuständigkeiten hat:

1. Überwachung des vom Hardwaremonitor ermittelten Vitalwertes bzw. seines Prognosewertes
2. Aktivierung und Deaktivierung des Klienten
3. Migration des Klienten auf einen anderen Knoten

Wie aus Abbildung 5.1 hervorgeht, ist ein Agent als Dienst implementiert, dem ein weiterer, funktionaler Dienst als Klient zugeordnet ist. Er besitzt ein Requirement vom Typ `VitalState`, das automatisch mit dem Hardwaremonitoring-Dienst des eigenen Rechenknotens verbunden wird. Jeder Agent ist abhängig von folgenden Klassen:

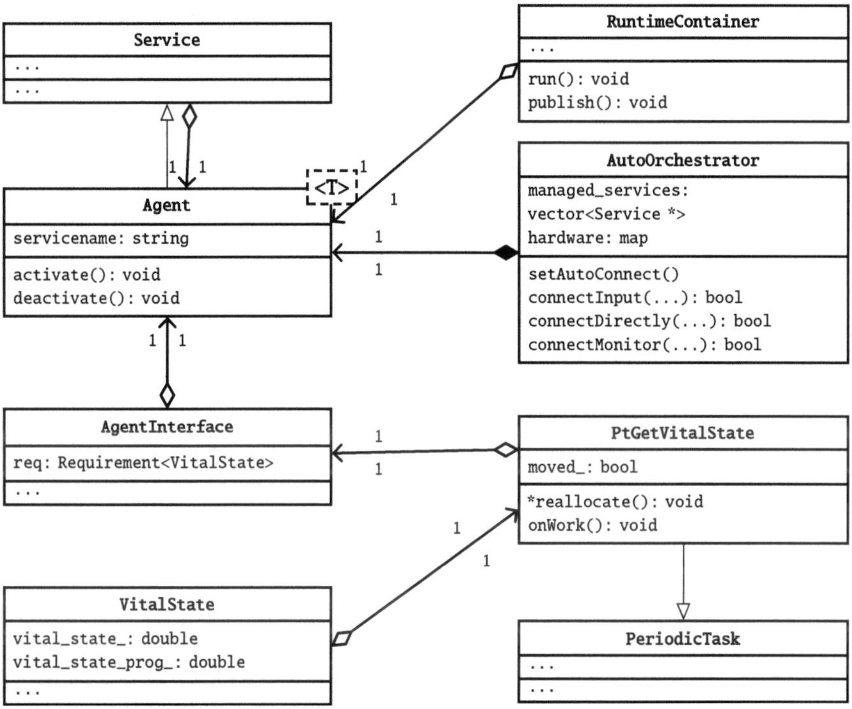

Abbildung 5.1: Klassendiagramm des Agenten mit seinen Abhängigkeiten

1. **Service:** Basisklasse aller ASOA-Dienste.
2. **RuntimeContainer:** Diese Klasse wird beim Initialisieren des Agenten gestartet und betreibt das dem ASOA-System zugrunde liegende RTPS-System, das die Kommunikation der Dienste über das Netzwerk ermöglicht.
3. **AutoOrchestrator:** Er ist dafür zuständig, die Netzwerkschnittstelle nach eingehenden Botschaften anderer Dienste zu überwachen. Falls ein Dienst im Netzwerk Daten des geeigneten Typs bereitstellt, verbindet der AutoOrchestrator diesen automatisch mit seinem Klienten. Falls es sich um den lokalen Hardwaremonitor handelt, verbindet er diesen mit dem entsprechenden Requirement des Agenten.

4. `VitalState`**:** Diese Klasse stellt den Austauschdatentyp des Vitalzustands eines Knotens dar. Sie enthält sowohl den aktuellen als auch den prognostizierten Vitalwert eines Knotens.
5. `PtGetVitalState`**:** Dieser periodische Task nimmt alle eingehenden Nachrichten vom Typ `VitalState` entgegen, überprüft den aktuellen und prognostizierten Vitalwert und ruft bei Unterschreiten des kritischen Schwellwerts die Funktion `reallocate()` auf. Diese führt den Migrationsprozess durch.
6. `Functionality`**:** Basisklasse aller Datenaustauschklassen in ASOA. Sie gibt insbesondere die Struktur der Serialisierung und Deserialisierung vor.
7. `PeriodicTask`**:** Basisklasse aller periodischen Tasks. Diese werden im Gegensatz zu bedingten Tasks regelmäßig durchgeführt und sind unabhängig vom Eintreffen eines Pakets.

5.4 Einbindung in den ASOA-Core

Das beschriebene agentenbasierte System setzt zahlreiche Anpassungen im ASOA-Core voraus. Dabei handelt es sich um eine Gruppe von Basisfunktionalitäten, die jeder ASOA-Dienst benötigt, um mit anderen ASOA-Diensten kommunizieren zu können. Zu den Anpassungen gehört das nachträgliche Anlegen einer größeren Anzahl redundanter Endpunkte, das automatische Abonnieren kompatibler Dienstgarantien und die Ermöglichung einer direkten Dienstverwaltung durch einen lokalen Agenten ohne Kommunikation mit einem Orchestrator. Zudem müssen Dienstgarantien in Form von Vitalwerten als Sonderfall berücksichtigt werden, da in dieser Arbeit nur der Vitalwert des eigenen Hosts betrachtet wird.

5.5 Implementierung des Migrationsprozesses

Unterschreitet der aktuelle Vitalwert V oder der prognostizierte Vitalwert $\hat{V}$ den kritischen Schwellwert V_{krit}, veranlasst der Agent bzw. sein periodischer

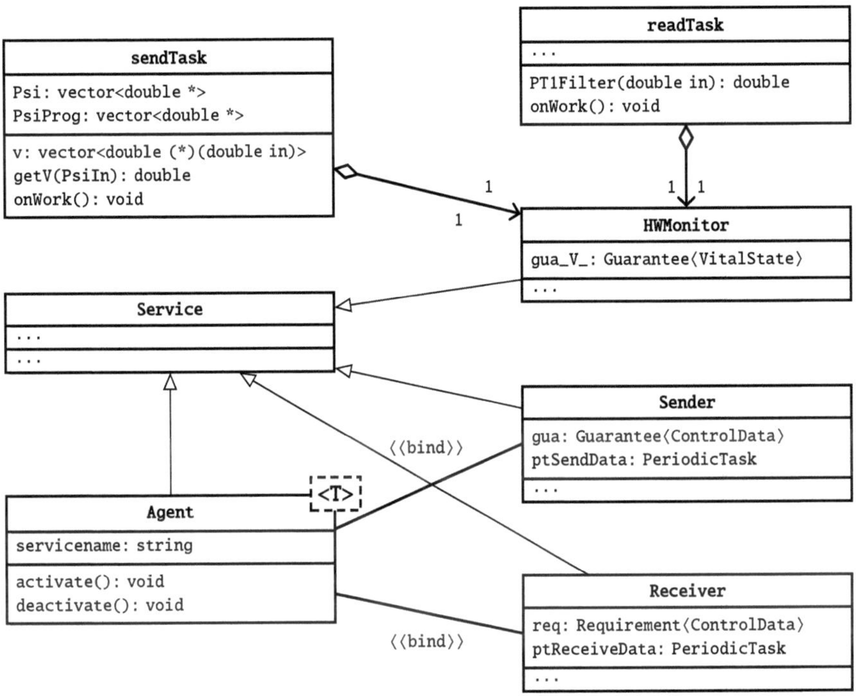

Abbildung 5.2: UML-Diagramm von `Sender` und `Receiver`

Eingangstask die Reallokation seines Klienten auf einen anderen Host. Hierbei ermittelt er zunächst die Adresse der ausführbaren Datei, die den Agenten selbst sowie seinen Klienten enthält. Diese wird anschließend per SSH auf den Zielknoten kopiert. Codeabschnitt 5.1 beschreibt diesen Vorgang. In Zeile 1 wird der Dateiinhalt vom Dateipfad `$file` an eine neue SSH-Session übergeben. Diese baut eine Verbindung zum Zielknoten auf und führt dort den nachfolgenden Codeabschnitt aus.

Code 5.1: SSH-basierter Migrationsprozess

```
01 |     < $file ssh $login "
02 |         cat > $file &&
03 |         chmod +x $file &&
04 |         exec 1<>std.out;
```

```
05 |         $file &
06 |     "
```

Ab Zeile 2 folgt der auf dem Zielknoten auszuführende Code. Er speichert zunächst den Dateiinhalt aus dem SSH-Stream in einer neuen Datei. Diese besitzt denselben Dateipfad wie die Originaldatei. Diese Implementierung setzt somit eine einheitliche Verzeichnisstruktur voraus. Anschließend wird in Zeile 3 die neue Datei als ausführbar deklariert. Zeile 4 leitet die Standardausgabe dieser Session in ein lokales FIFO um. Zuletzt wird in Zeile 5 die soeben erstellte Datei im Hintergrund ausgeführt. Die Umleitung der Standardausgabe in ein lokales FIFO bzw. *Named Pipe* ermöglicht in erster Linie die vollständige Entkopplung des gestarteten Prozesses von der SSH-Session. Somit kann diese geschlossen werden, ohne die von ihr gestarteten Prozesse zu beenden. Zusätzlich erlaubt eine solche Pipe auch das Auslesen der Standardausgabe des betreffenden Dienstes über eine separate Konsole.

5.6 Implementierung der Autoorchestrierung

Nachdem der migrierte Dienst gestartet wurde, gibt er seine Dienstbeschreibung inkl. Garantien und Anforderungen per RTPS im Netzwerk bekannt. Alle Agenten und Orchestratoren im Netzwerk empfangen die entsprechenden Datenpakete und erstellen daraus ein lokales Abbild der sie umgebenden Dienstlandschaft. Empfängt der Autoorchestrator die Beschreibung einer Dienstgarantie, vergleicht er sie mit den Anforderungen der von ihm verwalteten Dienste. Stimmt der Funktionstyp (`FunctionType`) überein, verbindet der Autoorchestrator Anforderung und Garantie selbsttätig miteinander. Algorithmus 5.1 beschreibt diesen Vorgang.

Bei Eingang einer Dienstbeschreibung (`ServiceDescription`) vom Typ Dienstgarantie (`ServiceGuarantee`) prüft der Orchestrator bzw. Autoorchestrator zunächst, ob diese bereits bekannt ist. Falls ja, wird die Dienstbeschreibung aktualisiert und der Vorgang beendet. Falls die Beschreibung neu ist, wird sie dem lokalen Abbild der Dienstlandschaft hinzugefügt. Anschließend wird geprüft, ob es sich um den Vitalzustand eines fremden Rechenknotens han-

Algorithmus 5.1 Autoorchestrierung bei eingehender Garantie

```
if guarantee is new then
    add guarantee to service description
else
    update service description
    return
end if
if guarantee is remote vital state then
    return
end if
for each service ∈ managed services do
    for each requirement ∈ service requirements do
        if function type of guarantee matches requirement then
            configure endpoint of requirement
            create RTPS subscriber of endpoint
        end if
    end for
end for
```

delt. In diesem Fall wird der Prozess beendet. In allen anderen Fällen wird die Liste aller vom Agenten verwalteten Dienste und ihrer Anforderungen auf den Datentyp der eingegangenen neuen Dienstgarantie überprüft. Falls es zu einer Übereinstimmung kommt, tritt die eigentliche Autoorchestrierung ein: Es wird ein neuer Endpunkt angelegt, der ab sofort alle eingehenden Datenpakete dieser Verbindung verwaltet. Um diese entgegenzunehmen, wird ein RTPS Subscriber angelegt, der die softwareseitige Netzwerk-Schnittstelle des Endpunkts darstellt.

6 Praktischer Nachweis

Im folgenden Kapitel wird die beschriebene Methode zur proaktiven Fehlertoleranz an einigen Beispielen angewandt und ihre Umsetzbarkeit praktisch nachgewiesen. Dazu werden die in den vorangegangenen Kapiteln beschriebenen, beispielhaft implementierten Methoden zur Ausfallprognose, zur Migration und zur Autoorchestrierung zunächst separat untersucht. Anschließend erfolgt ein Gesamttest, bei dem alle Funktionalitäten in ihrem Zusammenspiel getestet werden.

6.1 Vorgehen

Der Versuchsaufbau besteht aus drei Rechenknoten, die über ein Netzwerk miteinander verbunden sind. Ein Dienst `Sender` erzeugt einen periodischen Datenstrom an einen zweiten Dienst, hier `Receiver` genannt. Jeder Knoten besitzt einen Hardwaremonitoring-Dienst, der kontinuierlich die messbaren Zustände des Knotens erfasst und daraus dessen aktuellen Vitalwert V sowie den prognostizierten Vitalwert $\hat{V}$ ermittelt. Dem `Sender` ist zudem ein `Agent` zugeordnet, der den vom `HW-Monitor` ermittelten Vitalwert überwacht und dementsprechend seinen Klienten aktiviert und orchestriert. Abbildung 4.8 zeigt den Versuchsaufbau im Ausgangszustand.

Die Temperatur des Prozessors stellt einen messbaren Systemzustand dar, die Funktionstüchtigkeit des aktiven Kühlsystems ist allerdings nicht direkt messbar. Ein Schaden in der Kühlung stellt daher einen sog. *Hidden Fault* im Sinne der ISO 26262 dar und breitet sich in Form eines unkontrollierten Temperaturanstiegs im System aus, bis es zum Ausfall der eigentlichen Steuerungshardware kommt. Dieser wird entsprechend als *Failure* bezeichnet. Gemäß dem Stand der Technik kann die Temperatur durch einen Hardwaremonitor überwacht werden. Sobald ein bestimmter Temperaturschwellwert überschritten ist, können Notfallmaßnahmen eingeleitet werden. Diese bestehen in der Regel aus

D. Niedballa, *Proaktive Fehlertoleranz in verteilten Echtzeitsystemen mit dynamischer Ressourcen-Reallokation*, Wissenschaftliche Reihe Fahrzeugtechnik Universität Stuttgart, https://doi.org/10.1007/978-3-658-48790-4_6

einem Warnsignal an den Fahrzeugführer oder der Notabschaltung des Gerätes. Mithilfe eines prädiktiven Systemmodells soll nun jedoch der Ausfall des Zonencontrollers prognostiziert werden, bevor kritische Temperaturschwellwerte überschritten werden. Dadurch soll genügend Zeit für die proaktive Migration der Dienste auf andere Knoten eingeräumt werden.

Tritt beispielsweise ein Defekt im aktiven Kühlsystem von Knoten H_2 auf, kann dieser nicht unmittelbar detektiert werden. Durch die thermische Trägheit des Kühlsystems bleibt auch die Temperatur vorerst innerhalb der zulässigen Schwellwerte. Somit ändert sich der aktuelle Vitalwert V_2 zunächst nicht. Allerdings kann durch die unerwartete leichte Temperaturdrift mithilfe eines thermischen Systemmodells auf einen versteckten Fehler im Kühlsystem geschlossen werden. Der Fehlerprädiktionsalgorithmus ermittelt daraufhin den prognostizierten Vitalwert $\hat{V}_2$, der eine baldige Überhitzung des Knotens ankündigt. Der Agent erkennt den bevorstehenden Ausfall und leitet die Reallokation seines Klienten ein. Dabei bleibt dieser weiterhin auf seinem aktuellen Knoten aktiv. Seine ausführbare Datei wird auf Knoten H_4 kopiert, da dieser noch freie Ressourcen besitzt. Dort wird dieser gestartet und als redundanter Eingang mit dem Empfänger verbunden. Damit beginnt die Erzeugung des redundanten Datenstroms.

In Phase 3 überschreitet der Knoten H_2 den oberen kritischen Temperaturschwellwert, woraufhin seine Notabschaltung erfolgt. Der `Receiver` detektiert das Abreißen des Datenstroms und wechselt daraufhin nahtlos den aktiven Endpunkt auf den redundanten Eingang. Die Systemfunktionalität kann trotz Ausfalls eines Rechenknotens ohne Unterbrechung fortgesetzt werden.

6.2 Nachweis der modellbasierten Fehlerprädiktion

Ziel: Bei diesem Versuch soll das prädiktive Temperaturdiagnoseverfahren aus Abschnitt 4.1.7 praktisch nachgewiesen werden, indem es die langfristige Temperaturentwicklung korrekt prognostiziert, nachdem eine Fehlerinjektion im aktiven Kühlsystem vorgenommen wurde.

Aufbau: Der Versuchsaufbau besteht aus einem prototypischen Zonencontroller gemäß Kapitel 5.1 mit aktiver Luftkühlung. Auf diesem wird ein Monitoring-Dienst ausgeführt, der die Prozessortemperatur periodisch überwacht und mithilfe von Gl. 4.31 den langfristig erwarteten Grenzwert sowie den in Abschnitt 4.1.7 beschriebenen partiellen Vitalwert $V_T(t)$ bzw. $\hat{V}_T(t)$ ermittelt. Zu experimentellen Zwecken ist die Kühlung so ausgelegt, dass auch bei inaktiver Lüftung im Dauerlauf kein realer Schaden an der Hardware entsteht. Um die Methode dennoch demonstrieren zu können, wird die untere Temperaturschwelle mit $T_{\text{th1}} = 35$ °C und $V_T = \mu_T(T_{\text{th1}}) = 1$, also voller Funktionsfähigkeit, definiert. Ab einer oberen Temperaturschwelle $T_{\text{th2}} = 37$ °C wird von einem vollständigen Ausfall, also $V_T = \mu_T(T_{\text{th2}}) = 0$, ausgegangen. Diese Werte sind experimenteller Natur und entsprechen nicht den realen Grenzwerten der Hardware.

Die Versuchsparameter lauten:

- nomineller thermischer Leitwert $G_{\text{th,nom}} = 0{,}54\ \frac{W}{K}$
- elektrische Leistung des Prozessors $P = 2{,}50$ W
- nominelle Temperaturdifferenz $\Delta T_{\text{nom}} = \frac{P}{G_{\text{th,nom}}} = 4{,}63$ K
- Umgebungstemperatur $T_0 = 22{,}1$ °C
- nominelle Prozessortemperatur $T_{\text{nom}} = 26{,}7$ °C

Ablauf: Sobald ein stabiles Temperaturniveau erreicht ist, wird die aktive Kühlung blockiert und die Temperaturentwicklung protokolliert, bis erneut ein stabiler Zustand erreicht ist. Im stabilen Zustand sollte $\hat{T}(t) = T(t)$ sein.

Auswertung: Abbildung 6.1 zeigt den Verlauf des gemessenen und des prognostizierten Temperaturwerts. Zunächst befindet sich das System in einem eingeschwungenen Zustand bei ca. 26,7 °C. Bei $t = 84$ s wird die Lüftung blockiert und somit ein Fehler injiziert. Während die Temperatur langsam, kontinuierlich und zunächst linear ansteigt, verzeichnet der Prognosewert einen sprunghaften Anstieg in den Bereich des Endwerts von ca. 48,8 °C. Der Mittelwert der Funktion bleibt bis zum Erreichen des stabilen Zustands näherungsweise konstant.

Deutlich erkennbar ist der hohe Rauschanteil von $\hat{T}(t)$. Dieser entsteht durch die Abhängigkeit der Prognosefunktion Gl. 4.31 von der Ableitung der Temperatur $\dot{T}$, wodurch hochfrequentes Rauschen verstärkt wird. Zudem ist der Wert

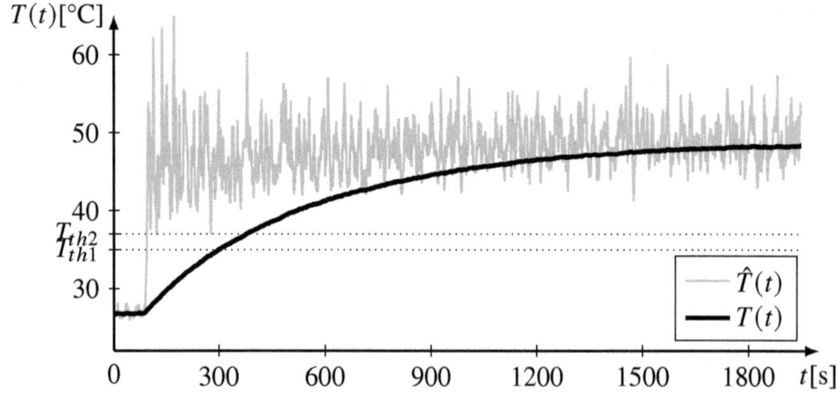

Abbildung 6.1: Gemessene und prognostizierte Prozessortemperatur nach Fehlerinjektion

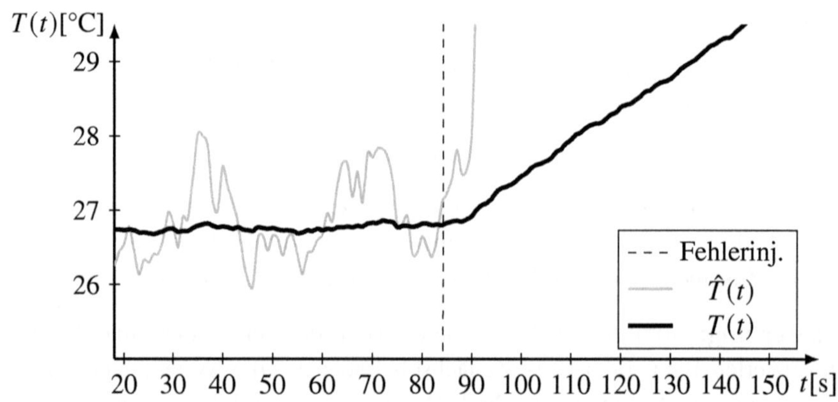

Abbildung 6.2: Vergrößerung des Bereichs der Fehlerinjektion

proportional zu ΔT, der Differenz zur Umgebungstemperatur T_0, weshalb auch der Rauschpegel mit steigender Temperaturdifferenz zunimmt.

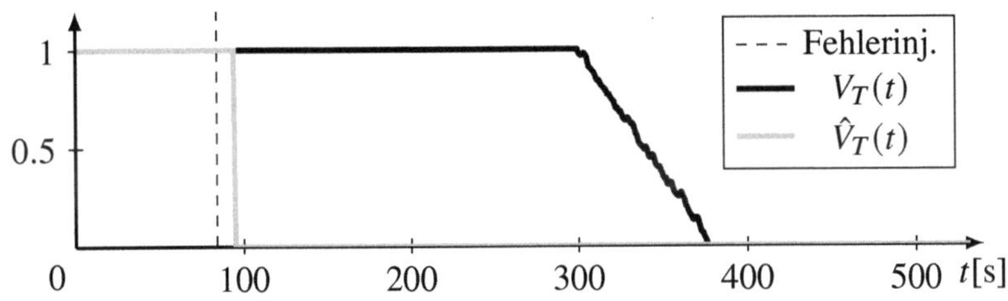

Abbildung 6.3: Entwicklung des aktuellen und prognostizierten Vitalwertes

In Abbildung 6.2 ist der Zeitraum der Fehlerinjektion vergrößert dargestellt. Deutlich erkennbar ist, dass $\hat{T}(t)$ ab $t = 91$ s, also 7 s nach der Fehlerinjektion, signifikant über dem Rauschpegel liegt.

Abbildung 6.3 zeigt die Entwicklung des thermischen Vitalwertes $V_T(t)$ und seiner Prognosefunktion $\hat{V}_T(t)$. Daraus geht hervor, dass die Prognosefunktion bereits bei $t = 95$ s, also 11 s nach der Fehlerinjektion, sprunghaft abfällt, 205 s bevor die Temperatur tatsächlich einen kritischen Wert erreicht.

Interpretation: Der Versuch hat gezeigt, dass der modellbasierte Ansatz geeignet ist, unter bestimmten Bedingungen Fehler im Kühlsystem von Prozessoren zu prognostizieren, deutlich bevor die Temperatur einen auffälligen Schwellwert überschreitet. Hierbei konnte ein FDTI von 11 s erreicht werden, während ein herkömmlicher Ansatz, der auf Schwellwerten basiert, unter Verwendung derselben Zugehörigkeitsfunktion auf ein FDTI von 216 s kommt.

6.3 Nachweis der agentenbasierten Migration

Ziel: Das Ziel dieses Experiments ist zu zeigen, dass der Agent, wie in den Abschnitten 4.2 und 5.5 beschrieben, ohne manuellen Eingriff und ohne verbleibende Abhängigkeiten eigenständig auf andere Hardwareplattformen migrieren kann. Die hierfür erforderlichen Zeiträume sollen ermittelt werden. Zudem soll nachgewiesen werden, dass keine Einschränkungen durch die in Abschnitt 5.2 beschriebenen Zugriffsrechte bestehen.

Aufbau: Der Versuch verwendet zwei der Hardwareplattformen aus Abschnitt 5.1, die über ein Ethernet-Netzwerk miteinander verbunden sind.

Ablauf: Nach dem manuellen Start initiiert der Agent eine SSH-Sitzung, überträgt seine eigene ausführbare Datei auf die zweite Hardwareplattform, führt sie aus und beendet dann die Sitzung sowie sich selbst. Die neue Instanz verhält sich identisch und kehrt zur ursprünglichen Plattform zurück. Dieser Vorgang wiederholt sich kontinuierlich, wobei jeweils Zeitstempel für den Programmstart, den Beginn der Migration sowie das Programmende protokolliert werden.

Messungen: Die Auswertung der protokollierten Zeitstempel ist in Abbildung 6.4 dargestellt. Insgesamt wurden 45 Iterationen durchgeführt, was 90 Migrationsvorgängen entspricht. Dabei zeigt sich, dass der Ladevorgang des Programms – der Zeitraum vom Programmaufruf durch den Eltern-Agenten bis zur Ausführung der ersten Operation der `main`-Funktion – konstant etwa 22,5 ms benötigt. Anschließend folgt der Initialisierungsvorgang, bei dem insbesondere die ASOA-Middleware mit dem darunter liegenden RTPS-System eingerichtet und mit dem Netzwerk verbunden wird. Dieser Vorgang benötigt durchschnittlich 1,09 s, wovon 1 s auf eine definierte Wartezeit beim Start von ASOA zurückzuführen ist. Danach erfolgt der Migrationsvorgang, der das Öffnen des SSH-Kanals, die Übertragung der eigenen ausführbaren Datei auf den externen Host und das Starten dieser Datei umfasst. Die Latenzzeit für diesen Prozess hat einen Medianwert von 286 ms, ist jedoch durch eine große Streuung gekennzeichnet. Einzelne Ausreißer weisen eine Gesamtdauer von bis zu 1309 ms auf. Diese Unregelmäßigkeiten können darauf zurückgeführt werden, dass die Einrichtung des SSH-Kanals und die darauf folgenden Shell-Befehle eine Beteiligung des Betriebssystems auf dem externen Host erfordern, das diese nicht mit der hohen Prozess-Priorität behandelt, mit der das kompilierte C++-Programm ausgeführt wird.

Ergebnis: Das Experiment demonstriert, dass der Agent ohne manuellen Eingriff und ohne verbleibende Abhängigkeiten zwischen alter und neuer Instanz auf andere Hardwareplattformen migrieren kann. Es wurden keine Einschränkungen durch die in Abschnitt 5.2 beschriebenen Zugriffsrechte festgestellt. Die Basislatenz beträgt etwa 1,4 s, in Einzelfällen bis zu 2,4 s. Sowohl die Wartezeit von 1 s bei der Initialisierung als auch die sporadische Verzögerung von 1 s

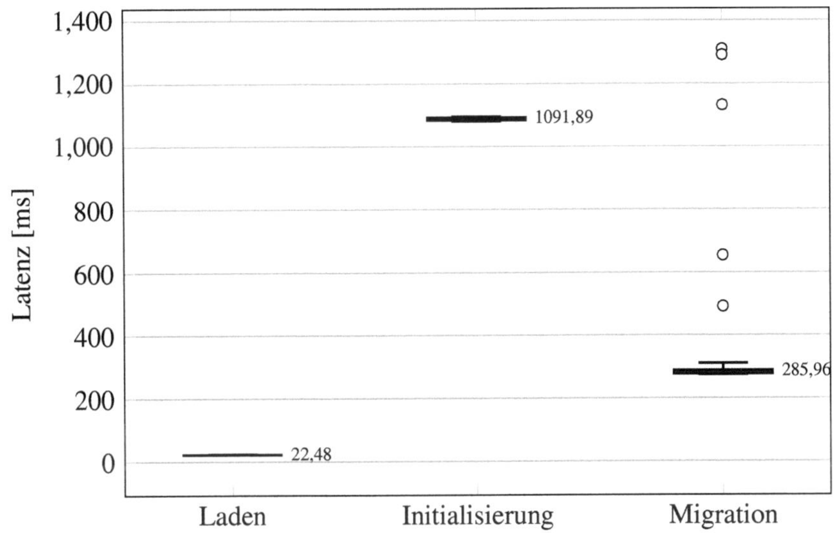

Abbildung 6.4: Streuung der Latenzzeiten beim zyklischen Migrationsversuch

bei der Migration sind implementierungsbedingt und weisen Potenzial auf, die Gesamtlatenz auf etwa 400 ms zu reduzieren.

6.4 Nachweis der Autoorchestrierung

Ziel: In diesem Versuch soll gezeigt werden, dass der Agent in der Lage ist, sich nach einer Migration im laufenden Betrieb selbstständig und ohne manuellen Eingriff oder zentralen Orchestrator mit anderen Diensten zu verbinden. Zusätzlich soll nachgewiesen werden, dass ein Agent, der einen Datenstrom empfängt, im laufenden Betrieb einen redundanten Eingangsdatenstrom aufbauen und nahtlos zum sekundären Datenstrom wechseln kann, wenn der primäre Datenstrom abbricht.

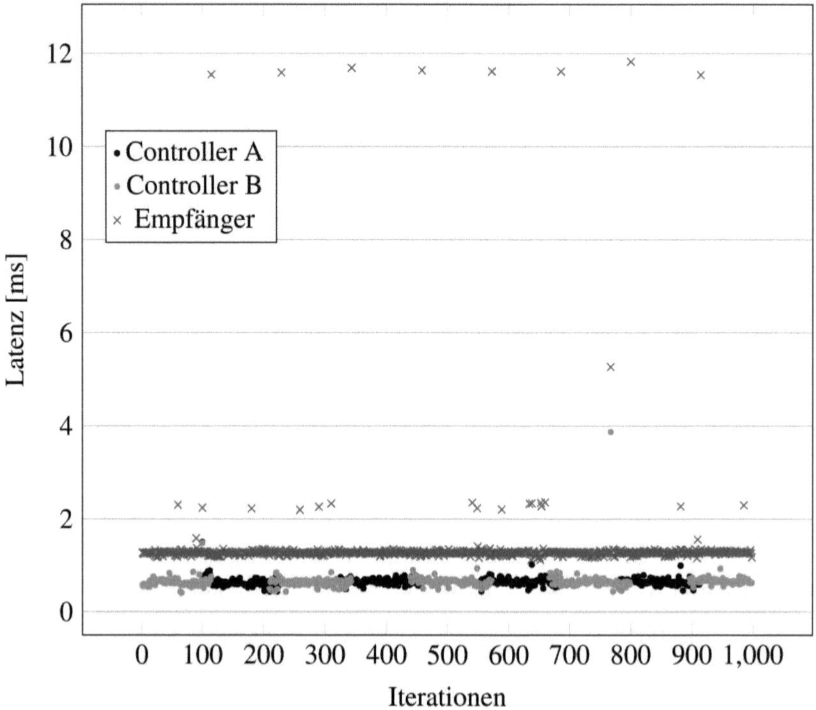

Abbildung 6.5: Latenzwerte bei zyklischer Migration mit unterbrechungsfreiem Datenstrom

Aufbau: Wie im zweiten Versuch sind zwei prototypische ECUs gemäß Abschnitt 5.1 über ein Netzwerk miteinander verbunden. Zusätzlich sind ein Sender- und ein Empfänger-Agent auf einem dritten Hardwareknoten in Form eines Notebooks vorhanden.

Ablauf: Der Agent migriert zyklisch zwischen zwei Hosts, wobei jedes Mal eine Verbindung zum Sender- und Empfänger-Agenten hergestellt wird. Der Sender überträgt einen kontinuierlichen Datenstrom mit einer Frequenz von 10 Hz zum Controller, der die Daten an den Empfänger weiterleitet. Nach einer Laufzeit von 10 s erstellt der Empfänger eine redundante Instanz auf dem zweiten Steuergerät, um einen redundanten Datenstrom aufzubauen. Nach weiteren 3 s beendet der primäre Agent plötzlich seinen Betrieb. Der Empfänger erkennt

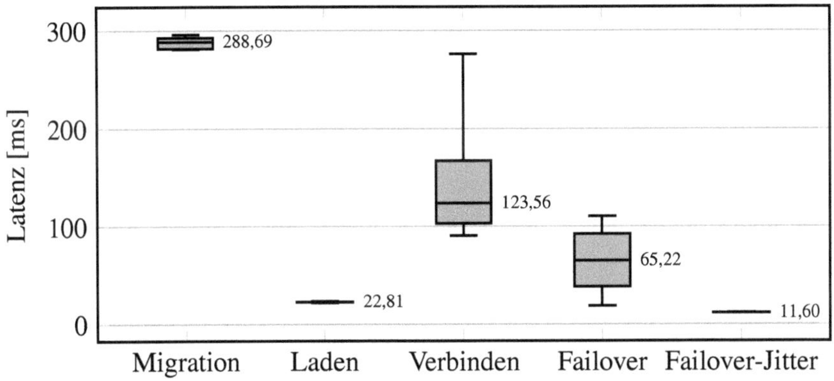

Abbildung 6.6: Zeiträume beim Migrationsvorgang

den Abbruch des Datenstroms und wechselt den primären Endpunkt auf den redundanten Datenstrom. Dieser Vorgang wiederholt sich zyklisch. Insgesamt werden 1.000 Sendeiterationen aufgenommen.

Messungen: Der Verlauf des Datenstroms wird in Abbildung 6.5 veranschaulicht. Zu Beginn jeder Iteration, zum Zeitpunkt $t = 0$ s, sendet der Sender-Dienst ein Datenpaket aus. Etwa 0,6 ms später wird dieses von einem der beiden Controller-Dienste weitergeleitet und erreicht den Empfänger-Dienst weitere 0,6 ms später. Sollte das erwartete Paket, das mit einer Frequenz von 10 Hz gesendet wird, am vorgesehenen Endpunkt ausbleiben, wartet dieser 10 ms auf den Dateneingang, bevor er den Endpunkt wechselt und ab diesem Zeitpunkt die Daten der redundanten Instanz verwendet. Im Regelbetrieb ergibt sich daraus eine Gesamtlatenz der Kommunikationsstrecke vom Sender über den Controller zum Empfänger von 1,27 ms. Beim Failover erhöht sich diese auf 11,6 ms. Nach Abzug der regulären Latenz und der Wartezeit verbleibt eine Differenz von 0,3 ms für die Durchführung des Failovervorgangs.

Wie aus Abbildung 6.6 hervorgeht, bestätigt dieser Versuch die Erkenntnisse des vorangegangenen Experiments bezüglich Migrations- und Ladezeiten. Zusätzlich wurden die Zeiträume für den Verbindungsaufbau und den Failoverprozess erfasst. Der Verbindungsaufbau erfolgt gemäß Abschnitt 5.3, sobald das ASOA- und RTPS-System initialisiert sind, und basiert auf dem periodischen,

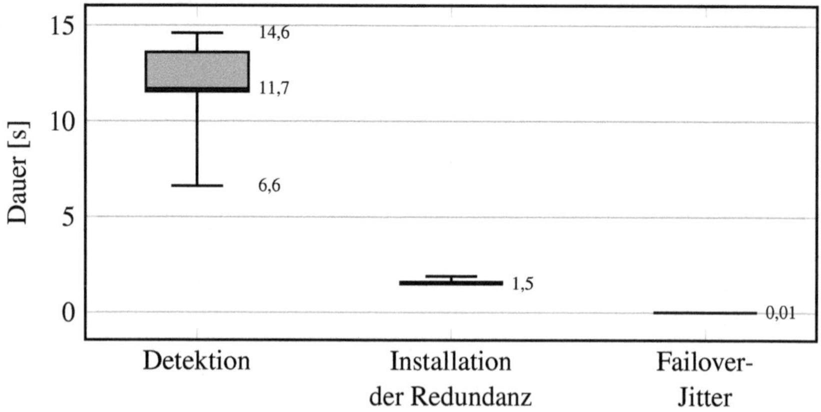

Abbildung 6.7: Gemessene Dauer der Hauptphasen beim proaktiven Migrationsprozess

gegenseitigen Austausch von Dienstbeschreibungen. Dieser Austausch erfolgt asynchron alle 100 ms, was sich in der Streuung der entsprechenden Messwerte widerspiegelt. Der Failovervorgang ist hier definiert als der Zeitraum zwischen dem Beenden der Funktionalität des primären Controllers und der Wiederaufnahme des Datenstroms unter Einsatz der redundanten Instanz. Da der simulierte Ausfall asynchron zur Sendeperiode stattfindet, ergibt sich eine Streuung von 100 ms, verschoben um die Wartezeit und die Sendelatenz.

Ergebnis: Der Versuch zeigt, dass die Autoorchestrierung beim Anlegen einer redundanten Instanz und der Endpunktwechsel beim Failover wie vorgesehen funktionieren. Es wurde eine Einweg-Latenz zwischen den Teilnehmern von 0,6 ms festgestellt. Die vorgesehene Wartezeit von 10 ms beim Failover wurde nachgewiesen. Die Streuung der Messwerte deutet auf Optimierungspotenzial beim Timingverhalten der Implementierung hin, beeinträchtigt jedoch nicht die Aussage des Versuchs.

6.5 Nachweis der proaktiven Fehlertoleranz im Gesamtkontext

Ziel: Dieser Versuch hat das Ziel, die bisher getesteten Funktionalitäten im Zusammenspiel zu überprüfen und damit den Nachweis der vorgeschlagenen Methode anhand dieser Fallstudie zu erbringen.

Aufbau: Der Versuchsaufbau entspricht dem des vorherigen Versuchs und umfasst ein Ethernet-Netzwerk mit zwei prototypischen Steuergeräten sowie einer dritten Hardwareinstanz in Form eines Notebooks. Beide ECUs verfügen über einen Monitoring-Dienst, wobei auf der primären ECU zusätzlich ein Controller-Agent ausgeführt wird. Ein Sender- und ein Empfänger-Agent sind auf dem dritten Hardwareknoten installiert.

Ablauf: Zu Beginn des Versuchs werden alle Dienste gestartet. Nachdem sie einen kontinuierlichen Datenstrom aufgebaut haben, wird der Lüfter des primären Steuergeräts blockiert. Sobald der Monitoring-Dienst einen kritischen Temperaturanstieg prognostiziert, erfolgt die selbstständige Migration des Controller-Dienstes auf den redundanten Hardwareknoten. Drei Sekunden später wird ein Ausfall simuliert, indem der primäre Controller-Prozess abrupt beendet wird. In diesem Moment soll ein nahtloser Übergang zum neuen Datenstrom stattfinden.

Messungen: Das Versuchsergebnis ist in Abbildung 6.7 dargestellt. Zwischen 6,6 s und 14,6 s nach der Fehlerinjektion wurde der Fehler diagnostiziert. Der Medianwert von 11,7 s bestätigt die Ergebnisse des ersten Versuchs. Die *Installation der Redundanz* bezeichnet den Zeitraum von der Fehlerdetektion bis zum Eintreffen des ersten Datenpakets über den redundanten Pfad und dauert ca. 1,5 s. Die geringere zeitliche Streuung ist darauf zurückzuführen, dass dieser Prozessschritt mit weniger Unsicherheiten behaftet ist. Als *Failover-Jitter* wird hier die zusätzliche Verzögerung der Daten durch den Failovervorgang bezeichnet. Diese besteht hauptsächlich aus der vorgesehenen Wartezeit von 10 ms.

Ergebnis: Der Versuch zeigt, dass die Methode der proaktiven Migration auf diese Fallstudie anwendbar ist. Eine Steuerungsfunktion kann bei einem sich abzeichnenden Hardwareausfall im laufenden Betrieb auf eine andere Hardwareplattform migriert werden, ohne den kontinuierlichen Datenstrom zu unterbrechen. Der Migrationsprozess kann ohne Eingriff einer zentralen

Steuerungsinstanz selbsttätig von den Agenten durchgeführt werden. Die Reaktionszeiten liegen in dieser Fallstudie deutlich unterhalb des im ersten Versuch ermittelten Prognosezeitfensters von über 200 s.

7 Zusammenfassung

7.1 Diskussion der Ergebnisse

Die vorliegende Arbeit präsentiert eine neuartige Methode zur proaktiven Fehlertoleranz in E/E-Architekturen möglicher zukünftiger Fahrzeuggenerationen. Wie in Kapitel 3 dargelegt wurde, existiert derzeit im Automobilbereich kein vergleichbarer Ansatz. Jedoch zeigt die Analyse anderer Branchen, dass eine kurzfristige Fehlerprognose durchaus realisierbar und in vielen Fällen bereits etabliert ist, was einen bislang ungenutzten Gestaltungsspielraum für die Sicherheitsarchitektur von Straßenfahrzeugen eröffnet. Daher wurde in Kapitel 4.1 ein methodischer Ansatz zur kurzfristigen Ausfallprognose vorgestellt. Dieser basiert auf der analytischen Beschreibung von Gerätezuständen, ihrer Antizipation durch Prognosefunktionen sowie der Ermittlung von Vitalwerten mittels Zugehörigkeitsfunktionen. Die Kombination dieser Konzepte ermöglicht eine frühzeitige Fehlererkennung, selbst wenn zunächst keine unmittelbare Beeinträchtigung vorliegt.

Die in dieser Arbeit beschriebene Methode basiert auf einer Fehlerprädiktion, die auch bei optimistischer Betrachtung nicht als ideal angenommen werden kann (vgl. Abschnitt 4.1.5). Selbst in ausgereiften Implementierungen können Fehler unentdeckt bleiben (*False Negatives*) oder sichere Zustände irrtümlich als fehlerhaft bewertet werden (*False Positives*). Daher ist die Methode prinzipbedingt mit höheren Unsicherheiten verbunden als statische Verfahren. Dennoch besitzt sie das Potenzial, entscheidend zur Verbesserung der Systemsicherheit beizutragen, da die Folgen beider Unsicherheiten eingrenzbar sind.

Im Falle eines Fehlalarms drohen keine schwerwiegenden Konsequenzen. Stehen freie Systemressourcen zur Verfügung, führt eine falsch positive Prognose lediglich zur Einrichtung einer redundanten Softwareinstanz. Ist das System voll ausgelastet, kann die Degradation nicht sicherheitskritischer Funktionen freie Kapazitäten schaffen. Damit verbundene Komforteinschränkungen sind

D. Niedballa, *Proaktive Fehlertoleranz in verteilten Echtzeitsystemen mit dynamischer Ressourcen-Reallokation*, Wissenschaftliche Reihe Fahrzeugtechnik Universität Stuttgart, https://doi.org/10.1007/978-3-658-48790-4_7

akzeptabel, sofern ihre Wahrscheinlichkeit den Kriterien des Qualitätsmanagements entspricht. Ein moderater Anteil unentdeckter Fehler kann ebenfalls im Einklang mit hohen Sicherheitsanforderungen stehen, sofern der Mechanismus ausgehend von der Grundsicherheit des Systems dazu beiträgt, ein festgelegtes Sicherheitsziel zu erreichen, vgl. Abschnitt 4.1.5.

Folglich eignet sich die Methode besonders für Anwendungen mittlerer Kritikalität bei hoher Grundsicherheit, indem sie die Zuverlässigkeit um einen entscheidenden Faktor verbessert. Sie kann es beispielsweise ermöglichen, Applikationen der Einstufung ASIL B auf einer Hardwareplattform auszuführen, die lediglich für ASIL A zertifiziert ist.

Da sich die Methode hauptsächlich für standardisierte Systeme mit einem hohen Maß an Grundsicherheit eignet, wurde in Kapitel 4.3 mit der sogenannten Petal-Architektur ein neuartiger E/E-Architekturansatz vorgestellt, der diese Methode unterstützt und das Konzept der proaktiven Fehlertoleranz im Fahrzeugbereich anwendbar macht. Sein Potenzial für zukünftige Fahrzeuggenerationen wurde sowohl analytisch als auch vergleichend und exemplarisch anhand konkreter Anwendungsbeispiele untersucht. Darüber hinaus erfordert die Methode ein tragfähiges Konzept zur unterbrechungsfreien Live-Migration von Echtzeitdiensten, das in Kapitel 4.2 erläutert wurde. Der zugrunde liegende agentenbasierte Ansatz kommt ohne Zentralinstanz aus und vermeidet somit einen SPoF.

Der wesentliche Vorteil proaktiver Fehlertoleranz ist, dass ihr Overhead nicht proportional zum Ressourcenaufwand der Applikation ist. Diese Eigenschaft zeigt sich besonders deutlich bei rechenintensiven Anwendungen. Durch die aktive ODR entfallen Heartbeat-Signale und Aktivierungslatenzen vergleichbarer Ansätze [108]. Somit ist die Methode im Regelfall potenziell sparsamer und im Notfall potenziell schneller als bislang bekannte Verfahren.

Darüber hinaus lässt sich das beschriebene FTMAS auf Anwendungen sowohl höherer als auch geringerer Kritikalität skalieren. Es kann beispielsweise zu Konsolidierungszwecken Komfortfunktionen unterbrechungsfrei auf andere Plattformen migrieren. Mit geringen Anpassungen kann die Methode zur Einrichtung einer statischen, aktiven Redundanz eingesetzt werden. Unter diesen Voraussetzungen eröffnen sich zusätzliche Anwendungsspielräume für Applikationen mit geringer Grundsicherheit, unzureichender Prognosegüte oder sehr hohen Sicherheitszielen.

Die praktische Umsetzbarkeit der vorgestellten Konzepte wurde in Kapitel 5 anhand einer beispielhaften Implementierung demonstriert. Die Fallstudie einer defekten aktiven Kühlung in einem Hochleistungssteuergerät in Kapitel 4.1.7 verdeutlichte, dass das Prognosefenster für drohende Hardwaredefekte signifikant größer sein kann als das erforderliche Zeitfenster für die Einrichtung eines redundanten Signalpfads. In den Versuchen aus Kapitel 6 wurde die Überhitzung eines Hardwareknotens korrekt prognostiziert und durch Live-Migration einer Echtzeitapplikation die unterbrechungsfreie Fortsetzung des Datenstroms sichergestellt. Diese Ergebnisse unterstreichen das Potenzial der vorgeschlagenen Methode, den Hardwareaufwand leistungsstarker E/E-Architekturen zu optimieren und die Sicherheit zukünftiger Straßenfahrzeuge zu verbessern.

7.2 Ausblick

Die vorliegende Arbeit legt den Grundstein für weitere Entwicklungen im Bereich der proaktiven Fehlertoleranz in E/E-Architekturen. Die prototypische Implementierung zeigt Potenzial für weitere Verbesserungen bezüglich Effizienz, Zuverlässigkeit und Echtzeitfähigkeit. Zudem konzentriert sich diese Arbeit auf die Migration zustandsloser Funktionen, während die Synchronisierung zustandsbehafteter, redundanter Softwareinstanzen weiterer Forschung bedarf. Ebenso bietet die Fehlerprognose Raum für Optimierungen, sowohl in Bezug auf ihre Genauigkeit als auch auf ihre Anwendbarkeit auf weitere Hard- und Softwarezustände bzw. Fehlersymptome, um ein umfassendes System zur Früherkennung von Fehlern zu bilden.

Ein nächster Schritt kann die Implementierung der Methode in eine serientaugliche Softwareumgebung wie AUTOSAR Adaptive sein, sowie ihre Integration in fahrzeugtaugliche Hardwareplattformen, um ihre Anwendung in der Automobilindustrie zu ermöglichen. Die Validierung der Methode in realen Steuerungsfunktionen wie dem automatisierten Fahren ist entscheidend, um ihre Wirksamkeit in praxisnahen Szenarien zu bestätigen. Anschließend ist der

Einsatz der Methode in Versuchsfahrzeugen erforderlich, um ihre Leistungsfähigkeit unter realen Bedingungen zu testen und zu verfeinern. Dies kann einen bedeutenden Beitrag zur Zertifizierung nach ISO 26262 leisten, die eine Voraussetzung für den Einsatz in Serienfahrzeugen ist. Dieser Praxiseinsatz erfordert eine enge Zusammenarbeit mit der Industrie sowie eine kontinuierliche Weiterentwicklung der Technologie. Dann können die Ergebnisse dieser Arbeit dazu beitragen, die Sicherheit und Zuverlässigkeit zukünftiger Fahrzeuggenerationen zu verbessern.

Literaturverzeichnis

[1] AMD. *AMD Zynq™ UltraScale+™ MPSoCs*. 9.07.2024. URL: https://www.amd.com/en/products/adaptive-socs-and-fpgas/soc/zynq-ultrascale-plus-mpsoc.html.

[2] AMD. *PetaLinux Tools*. 9.07.2024. URL: https://www.xilinx.com/products/design-tools/embedded-software/petalinux-sdk.html.

[3] Michael Armbruster. *Eine fahrzeugübergreifende X-by-Wire Plattform zur Ausführung umfassender Fahr- und Assistenzfunktionen: Zugl.: Stuttgart, Univ., Diss., 2009*. 1. Aufl. Bd. 1. ILS Institut für Luftfahrtsysteme / Universität Stuttgart. München: Verl. Dr. Hut, 2009. ISBN: 978-3-86853-200-5.

[4] AUTOSAR, Hrsg. *AUTOSAR Adaptive Platform*. 16.07.2024. URL: https://www.autosar.org/standards/adaptive-platform.

[5] AUTOSAR, Hrsg. *AUTOSAR Classic Platform*. 16.07.2024. URL: https://www.autosar.org/standards/classic-platform.

[6] AUTOSAR, Hrsg. *Specification on SOME/IP Transport Protocol*. URL: https://www.autosar.org/fileadmin/standards/R20-11/CP/AUTOSAR_SWS_SOMEIPTransportProtocol.pdf.

[7] Chen Avin u. a. "On the Complexity of Traffic Traces and Implications". In: *Proceedings of the ACM on Measurement and Analysis of Computing Systems* 4.1 (2020), S. 1–29. DOI: 10.1145/3379486.

[8] Stanley Bak u. a. "The System-Level Simplex Architecture for Improved Real-Time Embedded System Safety". In: *RTAS 2009, 15th IEEE Real-Time and Embedded Technology and Applications Symposium*. IEEE, 2009, S. 99–107. ISBN: 978-0-7695-3636-1. DOI: 10.1109/RTAS.2009.20. URL: http://dx.doi.org/10.1109/RTAS.2009.20.

D. Niedballa, *Proaktive Fehlertoleranz in verteilten Echtzeitsystemen mit dynamischer Ressourcen-Reallokation*, Wissenschaftliche Reihe Fahrzeugtechnik Universität Stuttgart, https://doi.org/10.1007/978-3-658-48790-4

[9] Falco K. Bapp. *Adaptives Monitoring für Mehrkernprozessoren in eingebetteten sicherheitskritischen Systemen.* 2018. URL: https://scholar.archive.org/work/76g625iyzbbg5csc2g4xujquy4/access/wayback/https://publikationen.bibliothek.kit.edu/1000079234/6118529.

[10] R. Baumann. "Soft Errors in Advanced Computer Systems". In: *IEEE Design and Test of Computers* 22.3 (2005), S. 258–266. ISSN: 0740-7475. DOI: 10.1109/MDT.2005.69.

[11] Zaid Al-Bayati, Brett H. Meyer und Haibo Zeng. "Fault-tolerant scheduling of multicore mixed-criticality systems under permanent failures". In: *2016 IEEE International Symposium on Defect and Fault Tolerance in VLSI and Nanotechnology Systems (DFT).* Piscataway, NJ: IEEE, 2016, S. 57–62. ISBN: 978-1-5090-3623-3. DOI: 10.1109/DFT.2016.7684070.

[12] Jürgen Becker und Falco K. Bapp. "The ARAMiS Project Initiative". In: Springer, Cham, 2018, S. 685–699. DOI: 10.1007/978-3-319-78890-6_55. URL: https://link.springer.com/chapter/10.1007/978-3-319-78890-6_55.

[13] Bernd Bertsche u. a. *Zuverlässigkeit mechatronischer Systeme: Grundlagen und Bewertung in frühen Entwicklungsphasen.* Berlin, Heidelberg: Springer Berlin Heidelberg, 2009. ISBN: 978-3-540-85089-2. DOI: 10.1007/978-3-540-85091-5.

[14] Alessandro Birolini. *Qualität und Zuverlässigkeit technischer Systeme: Theorie, Praxis, Management ; mit 58 Tabellen.* 3., völlig neubearb. und erw. Aufl. Berlin und Heidelberg: Springer, 1991. ISBN: 3540540679.

[15] Bosch, Hrsg. *ADAS Integration Platform.* 1.07.2024. URL: https://www.bosch-mobility.com/de/loesungen/fahrzeugcomputer/adas-integration-platform/.

[16] Bosch. *E/E-Architecture in a Connected World.* 8.03.2017. URL: https://www.asam.net/index.php?eID=dumpFile&t=f&f=798&token=148b5052945a466cacfe8f31c44eb22509d5aad1.

[17] Bosch, Hrsg. *Steering Control Unit.* 1.07.2024. URL: https://www.bosch-mobility.com/de/loesungen/lenkung/steering-control-unit/.

[18] Chao Wang u. a. “Proactive process-level live migration in HPC environments”. In: IEEE, 2008. DOI: 10.1109/SC.2008.5222634.

[19] Lisa Cingiser DiPippo u. a. *A Real-Time Multi-Agent System Architecture for E-Commerce Applications*. Fort Belvoir, VA: Defense Technical Information Center, 2000. DOI: 10.21236/ada477877.

[20] CISCO. *Resilient Ethernet Protocol (REP)*. URL: https://www.cisco.com/c/en/us/td/docs/ios-xml/ios/lanswitch/configuration/xe-16-9/lanswitch-xe-16-9-book/lsw-cfg-rep.pdf.

[21] C. Clark u. a. “Live Migration of Virtual Machines”. In: *Proceedings of the 2nd conference on Symposium on Networked Systems Design & Implementation, NSDI, 2005. Berkeley, CA, USA: USENIX Association, 2005*. 2005, S. 273–286.

[22] Cristian Constantinescu. “Trends and Challenges in VLSI Circuit Reliability”. In: *IEEE Micro* 23.4 (2003), S. 14–19. DOI: 10.1109/MM.2003.1225959.

[23] Continental, Hrsg. *Fahrzeugserver von Continental vernetzt VW ID. Elektrofahrzeuge: Pressemeldung 12. November 2019*. 2019. URL: https://www.continental.com/de/presse/pressemitteilungen/2019-11-12-icas-vw/.

[24] Continental, Hrsg. *Rollende Hochleistungsrechner: Wie In-Car-Server das Autofahren revolutionieren*. 28.06.2024. URL: https://www.continental.com/de/presse/studien-publikationen/continental-stories/in-car-server/.

[25] Continental Automotive, Hrsg. *Assisted & Automated Driving Control Unit Family ADC500*. 4.07.2024. URL: https://www.continental-automotive.com/de/komponenten/control-units/assisted-and-automated-driving-control-unit/assisted-and-automated-driving-control-unit-family-adc500.html.

[26] Richard Dixon und Jeremie Bouchaud. *E/E Architecture revolution: Transition to new vehicle architecture*. Hrsg. von S&P Global Mobility.

[27] Tobias Dörr u. a. “Achieving cost-efficient fail-operational behavior based on inherent redundancy at the system level”. In: *Microprocessors and Microsystems* 87 (2021), S. 104380. ISSN: 0141-9331. DOI: 10.1016/j.micpro.2021.104380.

[28] Tobias Dörr u. a. “An Approach to Cost-Efficient Fault Tolerance in Inherently Redundant Fail-Operational Systems”. In: IEEE, 2020. DOI: 10.1109/DSD51259.2020.00103.

[29] Elena Dubrova. *Fault tolerant design: An introduction.* 2008. URL: https://citeseerx.ist.psu.edu/document?repid=rep1&type=pdf&doi=4aaaf99fbf20377c6b1d0bff38cea9cb5d5f02c4.

[30] Christian Engelmann u. a. “Proactive Fault Tolerance Using Preemptive Migration”. In: *2009 17th Euromicro International Conference on Parallel, Distributed and Network-based Processing*. 2009, S. 252–257. ISBN: 2377-5750. DOI: 10.1109/PDP.2009.31.

[31] F. Mahdisoltani, Ioan A. Stefanovici und Bianca Schroeder. “Proactive error prediction to improve storage system reliability”. In: *USENIX Annual Technical Conference* (2017). URL: https://www.semanticscholar.org/paper/Proactive-error-prediction-to-improve-storage-Mahdisoltani-Stefanovici/f28fc6d566006ac0433a5f002fa46f76c206329b.

[32] Y. S. Foo, H. B. Gooi und S. X. Chen. “Multi-Agent System for Distributed Management of Microgrids”. In: *IEEE Transactions on Power Systems* 30.1 (2015), S. 24–34.

[33] Peter Göhner. *Agentensysteme in der Automatisierungstechnik.* 1st ed. Xpert. press Ser. Berlin, Heidelberg: Springer Berlin / Heidelberg, 2013. ISBN: 9783642317682.

[34] Peter W. Haas und Michael M. Resch. “High Performance Computing in Science and Engineering”. In: *Proceedings of the 17th International Symposium on Computer Architecture and High Performance Computing (SBAC-PAD’05)* (2005).

[35] Martin Hager, Przemyslaw Gromala und Bernhard Wunderle. "Affordable and Safe High Performance Vehicle Computers with Ultra-Fast On-Board Ethernet for Automated Driving". In: *Advanced Microsystems for Automotive Applications 2018*. 2018. DOI: 10.1007/978-3-319-99762-9_5.

[36] H. Hansson, L. Lawson und O. Bridal. "BASEMENT: an architecture and methodology for distributed automotive real-time systems". In: (1997). DOI: 10.1109/12.620482.

[37] Erika Hausenblas. *Zuverlässigkeitstheorie: Vorlesungsskript*. Hrsg. von Lehrstuhl für Angewandte Mathematik Montanuniversität Leoben. URL: https://angemath.unileoben.ac.at/fileadmin/shares/amat/docs/Zuverlaessigkeitstheorie/Skript_hausenblas.pdf.

[38] Peter Hofmann. *Evolutionäre E/E-Architektur: Vision einer neuartigen Elektronik-Architektur für Fahrzeuge: interner Bericht*. Hrsg. von DaimlerChrysler. Esslingen, 2002.

[39] IBM Corporation. *An architectural blueprint for autonomic computing*. 2006.

[40] ISO. *Road vehicles – Functional safety (ISO 26262)*. 2018.

[41] Alexandru Kampmann u. a. "A Dynamic Service-Oriented Software Architecture for Highly Automated Vehicles". In: *2019 IEEE Intelligent Transportation Systems Conference (ITSC)*. IEEE, 2019. DOI: 10.1109/itsc.2019.8916841. URL: http://dx.doi.org/10.1109/ITSC.2019.8916841.

[42] Alexandru Kampmann u. a. "A Portable Implementation of the Real-Time Publish-Subscribe Protocol for Microcontrollers in Distributed Robotic Applications". In: *2019 IEEE Intelligent Transportation Systems Conference (ITSC)* (2019).

[43] Alexandru Kampmann u. a. "Optimization-based Resource Allocation for an Automotive Service-oriented Software Architecture". In: (2022). DOI: 10.36227/techrxiv.19929782.v1.

[44] Kurt Kanzenbach. *Redundancy and Replication: Fault Tolerance on the System Level.* 2014. URL: https://www4.cs.fau.de/lehre/ws14/ms_akss/papers/05-paper-kurt_kanzenbach.pdf.

[45] Dan Keilhoff u. a. "UNICARagil – New architectures for disruptive vehicle concepts". In: *19. Internationales Stuttgarter Symposium 2019.* Springer, 2019. DOI: 10.1007/978-3-658-25939-6_65. URL: http://dx.doi.org/10.1007/978-3-658-25939-6_65.

[46] Alois Knoll u. a. "The RACE Project: An Informatics-Driven Greenfield Approach to Future E/E Architectures for Cars". In: *Automotive Systems and Software Engineering.* Springer, Cham, 2019, S. 171–195. DOI: 10.1007/978-3-030-12157-0_8. URL: https://link.springer.com/chapter/10.1007/978-3-030-12157-0_8.

[47] Jakub Korta, Paweł Skruch und Krzysztof Hołon. "Reliability of Automotive Multidomain Controllers: Advances in Electronics Cooling Technologies". In: *IEEE Vehicular Technology Magazine* 2021.June 2021 (2021). DOI: 10.1109/MVT.2020.3038588.

[48] Evelyn Landman u. a. "Degradation monitoring –from a vision to reality". In: *2019 IEEE International Reliability Physics Symposium (IRPS)* 2019 (2019).

[49] Bo Liu u. a. "Towards an On-Demand Redundancy Concept for Autonomous Vehicle Functions using Microservice Architecture". In: *ISSE 2020, 6th IEEE International Symposium on Systems Engineering.* Piscataway, NJ, USA: IEEE, 2020, S. 1–5. ISBN: 978-1-7281-8602-3. DOI: 10.1109/ISSE49799.2020.9272016.

[50] Guangdong Liu, Ying Lu und Shige Wang. "An Efficient Fault Recovery Algorithm in Multiprocessor Mixed-Criticality Systems". In: *2013 IEEE 10th International Conference on High Performance Computing and Communications & 2013 IEEE International Conference on Embedded and Ubiquitous Computing.* IEEE, 2013. DOI: 10.1109/hpcc.and.euc.2013.289.

[51] Mario Maul, Gerhard Becker und Bernhard Ulrich. "Serviceorientierte EE-Zonenarchitektur Schlüsselelement für neue Marktsegmente". In: *ATZelektronik* 13.1 (2018), S. 36–41. DOI: 10.1007/s35658-017-0105-3.

[52] Alexander Mayr und Markus Helmling. “Middleware-Protokolle im Automobil: Serviceorientiert, datenzentrisch oder restful?” In: *Elektronik automotive* 2020.03 (2020).

[53] Falk Meissner, Konstantin Shirokinsky und Michael Alexander. *Computer on wheels: Disruption in automotive electronics and semiconductors*. Hrsg. von Roland Berger. 2020.

[54] Armin Mokhtarian, Alexandru Kampmann und Bassam Alrifaee. “The Dynamic Service-oriented Software Architecture for the UNICARagil Project”. In: *29th Aachen Colloquium Sustainable Mobility 2020*. 2020.

[55] Moxa. *Redundancy Technologies for Industrial Networks*. 5.07.2024. URL: https://www.moxa.com/en/spotlight/industrial-ethernet/redundancy-technology/technologies.

[56] Arun Babu Nagarajan u. a. “Proactive fault tolerance for HPC with Xen virtualization”. In: ACM, 2007. DOI: 10.1145/1274971.1274978.

[57] Varun M. Navale u. a. “(R)evolution of E/E Architectures”. In: *SAE International Journal of Passenger Cars - Electronic and Electrical Systems* 8.2 (2015), S. 282–288. ISSN: 1946-4622. DOI: 10.4271/2015-01-0196. URL: https://www.sae.org/publications/technical-papers/content/2015-01-0196/.

[58] Thomas Nickl. *Die Evolution der EE-Architektur*. 2021. URL: https://blog.guardknox.com/de/the-evolutionary-path-to-zonal-ee-architecture.

[59] Dennis Niedballa und Hans-Christian Reuss. “Concepts of functional safety in E/E-architectures of highly automated and autonomous vehicles”. In: *20. Internationales Stuttgarter Symposium*. Springer Vieweg, Wiesbaden, 2020, S. 457–470. DOI: 10.1007/978-3-658-30995-4_41. URL: https://link.springer.com/chapter/10.1007/978-3-658-30995-4_41.

[60] Dennis Niedballa und Hans-Christian Reuss. “MPSoC-Based Platform for Fail-Operational Control of an Automated Research Vehicle”. In: *Journal of Tongji University (Natural Science)* 50.S1 (2024), S. 151–155. DOI: 10.11908/j.issn.0253-374x.23717.

[61] Philipp Obergfell. *Entwurfsmethodik für hybride Software- und Systemarchitektur*. Karlsruher Institut für Technologie (KIT), 2021. DOI: 10.5445/IR/1000134708.

[62] OMG. *OMG Data Distribution Service (DDS)*.

[63] OMG. *The Real-time Publish-Subscribe Protocol (RTPS) DDS Interoperability Wire Protocol Specification*. 2018.

[64] Sergey Orlov u. a. "Automatically reconfigurable actuator control for reliable autonomous driving functions (AutoKonf)". In: *Chassis.tech plus 2019, 10th International Munich Chassis Symposium*. Hrsg. von Peter E. Pfeffer. Springer eBooks Engineering. Wiesbaden: Springer Vieweg, 2020, S. 355–368. ISBN: 978-3-658-26434-5. DOI: 10.1007/978-3-658-26435-2_26.

[65] Florian Oszwald. *Dynamische Rekonfigurationsmethodik für zuverlässige, echtzeitfähige Eingebettete Systeme in Automotive*. KIT Scientific Publishing, 2021. DOI: 10.5445/KSP/1000132321.

[66] Andreas Polze, Peter Tröger und Felix Salfner. "Timely Virtual Machine Migration for Pro-active Fault Tolerance". In: IEEE, 2011. DOI: 10.1109/ISORCW.2011.42.

[67] Eberle A. Rambo und Rolf Ernst. *Replica-Aware Co-Scheduling for Mixed-Criticality: Schloss Dagstuhl - Leibniz-Zentrum fuer Informatik GmbH, Wadern/Saarbruecken, Germany*. Hrsg. von Eberle A. Rambo und Rolf Ernst. 2017. DOI: 10.4230/LIPICS.ECRTS.2017.20. URL: http://drops.dagstuhl.de/opus/volltexte/2017/7152/.

[68] Eberle A. Rambo u. a. "The Information Processing Factory: A Paradigm for Life Cycle Management of Dependable Systems". In: *Proceedings of the International Conference on Hardware/Software Codesign and System Synthesis Companion*. New York, NY, USA: IEEE, 2019, S. 1–2. ISBN: 9781450369237. DOI: 10.1145/3349567.3357391.

[69] Eberle A. Rambo u. a. "The Self-Aware Information Processing Factory Paradigm for Mixed-Critical Multiprocessing". In: *IEEE Transactions on Emerging Topics in Computing* 10.1 (2022), S. 250–266. DOI: 10.1109/TETC.2020.3011663.

[70] Richard Regler und Jörg Schlinkheider. “Intelligent Electrics/Electronics Architecture”. In: *ATZ extra* 2011.1 (2011).

[71] Reinhard Reichel und Michael Armbruster. *FlexRay Communication Protocol for an innovative scalable X-By-Wire Platform*. Garching, 4.04.2006.

[72] Research In China, Hrsg. *Intelligent Vehicle E/E Architecture and Computing Platform Industry Research Report, 2021*. 2021. URL: http://www.researchinchina.com/UpLoads/ArticleFreePartPath/20210819092807.pdf.

[73] Oliver Rooks u. a. “Duo duplex drive-by-wire computer system”. In: *Reliability Engineering & System Safety* 89.1 (2005), S. 71–80. ISSN: 09518320. DOI: 10.1016/j.ress.2004.08.001. URL: https://www.sciencedirect.com/science/article/pii/S0951832004001772.

[74] B. Rostamzadeh u. a. “DACAPO: a distributed computer architecture for safety-critical control applications”. In: *Proceedings of the Intelligent Vehicles ’95. Symposium* (1995). DOI: 10.1109/IVS.1995.528311.

[75] Marius Rotaru und Catalin Udma. *Service Oriented Architecture: Design and Implementation Using Automotive Linux BSP*. 6.2019.

[76] Harald Ruess. *Mehr Software (im) Wagen: Informations- und Kommunikationstechnik (IKT) als Motor der Elektromobilität der Zukunft: Abschlussbericht des vom Bundesministerium für Wirtschaft und Technologie geförderten Verbundvorhabens „eCar-IKT-Systemarchitektur für Elektromobilität“*. 2010.

[77] Alejandra Ruiz. *Deliverable 3.3: Specification of ISO 26262 Safety Goals for Self Adaptation Scenarios*.

[78] SAE International. *Taxonomy and Definitions for Terms Related to Driving Automation Systems for On-Road Motor Vehicles*. URL: https://www.sae.org/standards/content/j3016_202104/.

[79] Priti Srinivas Sajja. “Automatic Generation of Agents using Reusable Soft Computing Code Libraries to develop Multi Agent System for Healthcare”. In: *International Journal of Information Technology and Computer Science* 7.5 (2015), S. 48–54. ISSN: 2074-9015. DOI: 10.5815/ijitcs.2015.05.07.

[80] Felix Salfner, Maren Lenk und Miroslaw Malek. “A survey of online failure prediction methods”. In: *ACM Computing Surveys* 42.3 (2010), S. 1–42. ISSN: 1557-7341. DOI: 10.1145/1670679.1670680.

[81] Felix Salfner und Miroslaw Malek. “Using Hidden Semi-Markov Models for Effective Online Failure Prediction”. In: IEEE, 2006, S. 161–174. ISBN: 1060-9857. DOI: 10.1109/SRDS.2007.35.

[82] Felix Salfner, Peter Tröger und Steffen Tschirpke. “Cross-core event monitoring for processor failure prediction”. In: *2009 International Conference on High Performance Computing & Simulation* 2009 (2009).

[83] Prabhat Kumar Saraswat, Paul Pop und Jan Madsen. “Task migration for fault-tolerance in mixed-criticality embedded systems”. In: *ACM SIGBED Review* 6.3 (2009), S. 1–5. ISSN: 1551-3688. DOI: 10.1145/1851340.1851348.

[84] Schaeffler, Hrsg. *Die Space Drive Technologie*. 19.06.2023. URL: https://www.schaeffler-bywire.com/de/space-drive-2/.

[85] Christian Schäfer und Rainer Denkelmann. “Zukunftsfähige E/E-Architektur: Leistungsversorgung und Datenübertragung für autonomes Fahren”. In: *ATZelektronik* 2018.6 (2018).

[86] Schedl, Galla und Spohr. *X-By-Wire: Safety Related Fault Tolerant Systems in Vehicles: Final Report*. Hrsg. von X-By-Wire Consortium. 1998.

[87] Dietmar Scheer u. a. “STAR3 - Eine neue Generation der E/E-Architektur”. In: *ATZ extra* 2020.1 (2020).

[88] C. Scheidler u. a. “Systems Engineering of Time-Triggered Architectures - The Setta Approach +”. In: *IFAC Proceedings Volumes* 33.30 (2000), S. 39–44. ISSN: 1474-6670. DOI: 10.1016/s1474-6670(17)36727-7.

[89] Philipp Schleiss, Marc Zeller und Gereon Weiss. "SafeAdapt - Safe Adaptive Software for Fully Electric Vehicles". In: *European Battery, Hybrid and Fuel Cell Electric Vehicle Congress, EEVC 2015, Brussels.* 2015.

[90] Bianca Schroeder und Garth A. Gibson. "A Large-Scale Study of Failures in High-Performance Computing Systems". In: *IEEE Transactions on Dependable and Secure Computing* 7.4 (2010), S. 337–350. ISSN: 1545-5971. DOI: 10.1109/TDSC.2009.4.

[91] Bianca Schroeder und Garth A. Gibson. "Understanding failures in petascale computers". In: *Journal of Physics: Conference Series* 78.1 (2007), S. 012022. ISSN: 1742-6596. DOI: 10.1088/1742-6596/78/1/012022. URL: https://iopscience.iop.org/article/10.1088/1742-6596/78/1/012022/meta.

[92] Bianca Schroeder, Eduardo Pinheiro und Wolf-Dietrich Weber. "DRAM errors in the wild". In: *Communications of the ACM* 54.2 (2011), S. 100–107. ISSN: 0001-0782. DOI: 10.1145/1897816.1897844.

[93] Martin L. Shooman. *Reliability of Computer Systems and Networks: Fault Tolerance, Analysis, and Design.* 1st ed. S.l.: Wiley-Interscience, 2002. ISBN: 0-471-29342-3. DOI: 10.1002/047122460X. URL: http://site.ebrary.com/lib/alltitles/docDetail.action?docID=10304591.

[94] Mohammadreza Amel Solouki, Shaahin Angizi und Massimo Violante. "Dependability in Embedded Systems: A Survey of Fault Tolerance Methods and Software-Based Mitigation Techniques". In: *J. ACM* 2024.1 (2024). URL: https://arxiv.org/pdf/2404.10509v1.

[95] Stephan Sommer u. a. "RACE: A Centralized Platform Computer Based Architecture for Automotive Applications". In: *2013 IEEE International Electric Vehicle Conference (IEVC). IEEE, 2013.* 2013. DOI: 10.1109/ievc.2013.6681152. URL: http://dx.doi.org/10.1109/IEVC.2013.6681152.

[96] Gernot Spiegelberg. *Future mechatronical platform for easy application of assistant systems - EU-project PEIT: PEIT - Powertrain Equipped with Intelligent Technology.* Budapest, 1.07.2003.

[97] Gernot Spiegelberg, Ansgar Maisch und Armin Sulzmann. *Intelligent vehicle concept based on Drive-by-Wire: presentation of EU-projects PEIT and SPARC.* Garching, 11.03.2004.

[98] Dominik Stöhrmann u. a. "Towards OFDMA-based Ethernet for future in-vehicle communication". In: *Societal automation.* [Piscataway, NJ]: IEEE, 2021, S. 1–8. ISBN: 978-1-7281-9690-9. DOI: 10.1109/SA51175.2021.9507192.

[99] Iris Stroh. *Migration auf zonale E/E-Architektur läuft nur langsam an.* Hrsg. von S&P Global Mobility. 2023. URL: https://www.elektroniknet.de/automotive/migration-auf-zonale-e-e-architektur-laeuft-nur-langsam-an.201858.html.

[100] Tesla. *Model Y Service Manual.* 4.07.2024. URL: https://service.tesla.com/docs/ModelY/ServiceManual/en-us/GUID-A6DACB8D-B011-4A65-BBC8-71E0EBF55DE7.html.

[101] Peter Tröger. *Unsicherheit und Uneindeutigkeit in Verlässlichkeitsmodellen.* 2018.

[102] Geoffroy Vallee u. a. "A Framework for Proactive Fault Tolerance". In: *2008 Third International Conference on Availability, Reliability and Security.* 2008, S. 659–664. DOI: 10.1109/ARES.2008.171.

[103] Volkswagen, Hrsg. *Die neue Volkswagen Elektronik-Architektur E3.* 2021. URL: https://www.volkswagen-newsroom.com/de/innovation-talk-die-volkswagen-software-offensive-7235/die-neue-volkswagen-elektronik-architektur-e3-7239.

[104] Paul Wacker. *High Availability Architectures for Ethernet in Manufacturing: White Paper.* 2008. URL: https://buy.advantech.com/resource/Whitepaper/High-Availability%20Ethernet%20in%20Manufacturing.pdf.

[105] Gereon Weiss u. a. "Towards integrating undependable self-adaptive systems in safety-critical environments". In: *Proceedings of the 13th International Conference on Software Engineering for Adaptive and Self-Managing Systems.* New York, NY, USA: ACM, 2018. DOI: 10.1145/3194133.3194157.

[106] Philipp Weiss u. a. “Adaptable Demonstrator Platform for the Simulation of Distributed Agent-Based Automotive Systems”. In: *2nd International Workshop on Autonomous Systems Design (ASD 2020)*. 2020. URL: https://drops.dagstuhl.de/opus/volltexte/2020/12597/.

[107] Philipp Weiss u. a. “Checkpointing Period Optimization of Distributed Fail-Operational Automotive Applications”. In: *DSD 2021, 24th Euromicro Conference on Digital System Design*. Hrsg. von Francesco Leporati, Salvatore Vitabile und Amund Skavhaug. Piscataway, NJ: IEEE, 2021, S. 389–395. ISBN: 978-1-6654-2703-6. DOI: 10.1109/DSD53832.2021.00066.

[108] Philipp Weiss u. a. “Fail-Operational Automotive Software Design Using Agent-Based Graceful Degradation”. In: *23rd Conference on Design, Automation and Test in Europe (DATE)*. Hrsg. von Giorgio Di Natale. ACM Digital Library. San Jose,CA,United States: EDA Consortium, 2020, S. 1169–1174. ISBN: 978-3-9819263-4-7. DOI: 10.23919/DATE48585.2020.9116322. URL: http://dx.doi.org/10.23919/DATE48585.2020.9116322.

[109] Philipp Weiss u. a. “Worst-Case Failover Timing Analysis of Distributed Fail-Operational Automotive Applications”. In: *DATE 2021, Design, Automation & Test in Europe*. Piscataway, NJ: IEEE, 2021, S. 1294–1299. ISBN: 978-3-9819263-5-4. DOI: 10.23919/DATE51398.2021.9473950.

[110] Thomas Wendt und Wolfgang Bernhart. *Consolidation in Vehicle Electronic Architectures: The master key to unlocking value in the next generation of smart cars*. Hrsg. von Roland Berger.

[111] Dai Yang. “Fault Tolerant Optimizations for High Performance Computing Systems”. Diss. Technische Universität München, 12/2019. URL: https://mediatum.ub.tum.de/node?id=1518787.

[112] ZF, Hrsg. *ZF ProAI: Die Quelle der Fahrzeug-Intelligenz*. 2.07.2024. URL: https://www.zf.com/products/de/cars/stories/proai.html.

Anhang

A. Mathematische Beweise

A.1 Beweis Satz I

$$
\begin{aligned}
& R_{k,n+1} - R_{k,n} \\
&= \sum_{i=k}^{n+1} \binom{n+1}{i} R^i (1-R)^{n+1-i} - \sum_{j=k}^{n} \binom{n}{j} R^j (1-R)^{n-j} \\
&= \sum_{i=k}^{n} \binom{n+1}{i} R^i (1-R)^{n+1-i} + R^{n+1} - \sum_{j=k}^{n} \binom{n}{j} R^j (1-R)^{n-j} \\
&= \sum_{i=k}^{n} \left(\binom{n+1}{i} (1-R) - \binom{n}{i} \right) R^i (1-R)^{n-i} + R^{n+1} \\
&= \sum_{i=k}^{n} \left(\left(\binom{n}{i} + \binom{n}{i-1} \right) (1-R) - \binom{n}{i} \right) R^i (1-R)^{n-i} + R^{n+1} \\
&= \sum_{i=k}^{n} \left(\binom{n}{i-1} (1-R) - \binom{n}{i} R \right) R^i (1-R)^{n-i} + R^{n+1} \\
&= \sum_{i=k}^{n} \binom{n}{i-1} R^i (1-R)^{n-i+1} - \sum_{i=k}^{n} \binom{n}{i} R^{i+1} (1-R)^{n-i} + R^{n+1} \\
&= \sum_{i=k-1}^{n} \binom{n}{i} R^{i+1} (1-R)^{n-i} - \sum_{i=k}^{n} \binom{n}{i} R^{i+1} (1-R)^{n-i} + R^{n+1} \\
&= \binom{n}{k-1} R^k (1-R)^{n-k+1} + R^{n+1} \\
&> 0 \text{ für alle } 0 < R < 1 \text{ und } 1 \leq k \leq n \text{ q. e. d.}
\end{aligned}
\qquad \text{Gl. A.1}
$$

D. Niedballa, *Proaktive Fehlertoleranz in verteilten Echtzeitsystemen mit dynamischer Ressourcen-Reallokation*, Wissenschaftliche Reihe Fahrzeugtechnik Universität Stuttgart, https://doi.org/10.1007/978-3-658-48790-4

A.2 Beweis Satz II

$$
\begin{aligned}
& R_{k,n} - R_{k+1,n} \\
&= \sum_{i=k}^{n} \binom{n}{i} R^{i} (1 - R)^{n-i} - \sum_{j=k+1}^{n} \binom{n}{j} R^{j} (1 - R)^{n-j} \\
&= \binom{n}{k} R^{k} (1 - R)^{n-k}
\end{aligned}
\qquad \text{Gl. A.2}
$$

> 0 für alle $0 < R < 1$ und $1 \leq k \leq n$ q. e. d.

A.3 Beweis Satz III

$$
\begin{aligned}
&R_{k,n} - R_{k+1,n+1}\\
&= \sum_{i=k}^{n} \binom{n}{i} R^i (1-R)^{n-i} - \sum_{j=k+1}^{n+1} \binom{n+1}{j} R^j (1-R)^{(n+1)-j}\\
&= \sum_{i=k}^{n} \binom{n}{i} R^i (1-R)^{n-i} - \sum_{j=k}^{n} \binom{n+1}{j+1} R^{j+1} (1-R)^{(n+1)-(j+1)}\\
&= \sum_{i=k}^{n} \left(\binom{n}{i} R^i (1-R)^{n-i} - \binom{n+1}{i+1} R^{i+1} (1-R)^{n-i} \right)\\
&= \sum_{i=k}^{n} \left(\binom{n}{i} - \binom{n+1}{i+1} R \right) R^i (1-R)^{n-i}\\
&= \sum_{i=k}^{n} \left(\binom{n}{i} - \left(\binom{n}{i} + \binom{n}{i+1} \right) R \right) R^i (1-R)^{n-i} \qquad \text{Gl. A.3}\\
&= \sum_{i=k}^{n} \left(\binom{n}{i} (1-R) - \binom{n}{i+1} R \right) R^i (1-R)^{n-i}\\
&= \sum_{i=k}^{n} \binom{n}{i} R^i (1-R)^{n-i+1} - \sum_{j=k}^{n} \binom{n}{j+1} R^{j+1} (1-R)^{n-j}\\
&= \sum_{i=k}^{n} \binom{n}{i} R^i (1-R)^{n-i+1} - \sum_{j=k+1}^{n} \binom{n}{j} R^j (1-R)^{n-j+1}\\
&= \binom{n}{k} R^k (1-R)^{n-k+1}
\end{aligned}
$$

> 0 für alle $0 < R < 1$ und $1 \leq k \leq n$ q. e. d.

B. Quellcode

B.1 agent.hpp

Der folgende Code beschreibt die Klasse `Agent`. Mithilfe seiner Objekte `RuntimeContainer`, `AutoOrchestrator` und `Agent_Interface` beobachtet dieser den vom lokalen `HW-Monitor` ermittelten prognostizierten Vitalwert und leitet bei Bedarf die Live-Migration des ihm zugeordneten Dienstes ein.

```
#pragma once

#include <host.hpp>
#include <runtime_container.hpp>
#include <asoa/orchestrator/orchestrator_mini.hpp>
#include <logging.hpp>
#include <agent_interface.hpp>
#include <sys/resource.h>

std::string hostname = gethostname();

std::string getRemoteIP() {
    if (hostname == "SH_A53_1") return "192.168.127.10";
    if (hostname == "SH_A53_2") return "192.168.127.8";
    else {
        AGENT_LOG( "ERROR: Unknown hostname : " + hostname );
        return "";
    }
}

void moveToHost(std::string IPstring) {
    std::string login = "root@" + IPstring;
    std::string file = getURI();
    std::string cmd =
        "< " + file + " ssh " + login + " \"" +
        "rm " + file + " > /dev/null | true; "
        "cat > " + file + " && " +
        "chmod +x " + file + " && " +
        "exec 1<>std.out; " +
        file + " &\"";
    system(cmd.c_str());
}

void reallocate() {
    moveToHost(getRemoteIP());
}

int setRTPrio(int prio){
    struct sched_param param;
```

```
    param.sched_priority = prio;

    if (sched_setscheduler(0, SCHED_FIFO, &param) == -1) {
       AGENT_LOG( BOLD RED "failed setting process prio" );
       return 1;
    }
    AGENT_LOG( BOLD RED "process prio set to " + std::to_string(prio) );
    return 0;
 }

 int setNiceValue(int prio){
    if (setpriority(PRIO_PROCESS, 0, prio) == -1) {
       AGENT_LOG( BOLD RED "failed setting nice value" );
       return 1;
    }
    AGENT_LOG( BOLD RED "nice value set to " + std::to_string(prio) );
    return 0;
 }

 template <typename T>

 class Agent{
 private:
    std::string servicename = logname; //getUniqueName();
    AutoOrchestrator *o;
    Service *s;
    runtime *r;
    Agent_Interface *i;

 public:

    // Create unique Service-Name consisting of 3 letters of service type name
        and PID
    std::string getUniqueName(){
       return std::string(typeid(T).name()).substr(1,3) + "_" +
            std::to_string(getpid());
    }

    void printServices(bool verbose = false){
       o->printServices(verbose);
    }

    void activate(){
       AGENT_LOG("activating " + s->name());
       ServiceLifecycleRequest inst;
       inst.request_id_ = 0;
       inst.target_state_ = Service::State_t::SERVICE_STATE_RUNNING;
       s->handle(inst);
       i->handle(inst);
    }

    void deactivate(){
       AGENT_LOG("pausing " + s->name());
```

```
        ServiceLifecycleRequest inst;
        inst.request_id_ = 0;
        inst.target_state_ = Service::State_t::SERVICE_STATE_PAUSED;
        s->handle(inst);
        i->handle(inst);
    }

    // TODO: Jedes Requirement braucht eine eigene, sinnvolle Config!
    void addMonitor(){
        for (auto r : s->requirements()){
            AGENT_LOG("connecting monitor");

            RequirementQOSSpecification spec;
            spec.guarantee_service_frequency = 10; // Hz
            spec.permitted_consecutive_errors = 3; // tolerated consecutive time deviations
            spec.maximal_delay = 10; // ms
            spec.permitted_frequency_deviation = 30; // 1 = 1 % tolerated frequency deviation
            spec.disallow_automatic_remedies = false;

            ConnectMonitorRequest inst;
            inst.requirement_qos_spec = spec;

            r->handle(inst);

            AGENT_LOG("connecting monitor finished");
        }
    }

    void forceFallback(){
        for (auto r : s->requirements()){
            AGENT_LOG("forcing fallback");
            o->forceRequirementFallback(hostname, s->name(), "", r->getTypeName());
            AGENT_LOG("forcing fallback finished");
        }
    }

    Agent<T>(){
        AGENT_LOG("initializing agent");
        r = new runtime();
        s = new T(servicename.c_str());
        i = new Agent_Interface((servicename + "AI_").c_str());
        i->setMoveCallback(reallocate);
        r->publish(s);
        r->publish(i);
        r->run();
        AGENT_LOG("runtime loop started, waiting 1 s");
        sleep(1);
        AGENT_LOG("initializing orchestrator");
        o = new AutoOrchestrator();
        o->setAutoconnect(s);
```

```
            o->setAutoconnect(i);
            while (!o->haveService(hostname, s->name())) usleep(10000);
        }

        ~Agent(){
            AGENT_LOG("terminating agent");
            delete s;
            delete i;
            delete r;
        }
    };
```

Code B.1: agent.hpp

B.2 agent_interface.hpp

Der folgende Code beschreibt die Klasse `Agent_Interface`. Sie stellt selbst einen `Service` dar und erwartet als `Requirement` den `VitalState` seines Hosts. Unterschreitet dieser einen kritischen Wert, hier 1,0, ruft sein periodischer Task die Funktion `reallocate()` auf, die die Reallokation des Agenten und der ihm zugeordneten Dienste veranlasst.

```
#pragma once

#include <asoa/core/service.hpp>
#include <control_data.hpp>
#include <health.hpp>
#include <host.hpp>
#include <time.hpp>
#include <logging.hpp>

class Agent_Interface : public Service {
public:

    class req : public Requirement<VitalState> {
        bool parameterFilter(const VitalState::Parameter *param) { return true; }
    } req;

    class : public PeriodicTask {
    private:
        bool moved = false;
    public:
        void (*reallocate)();
        VitalState::Data VitalStateData;
        Requirement<VitalState>::AccessHandle *h_req;
```

```
        void onWork() {
            if(h_req->pullData(VitalStateData)){
                static int64_t t_ = 0;
                static int i = 0;
                int64_t t = getTimeInUs();
                AGENT_LOG( "VitalState: " + std::to_string(i) + ": <- V = " +
                      std::to_string(VitalStateData.V) + " Vprog = " +
                      std::to_string(VitalStateData.Vprog) + " " +
                      std::to_string(t - t_) + " us");
                t_ = t;
                i++;
                if (VitalStateData.Vprog < 1.0 && !moved) {
                    AGENT_LOG( BOLD RED "safety risk detected, V = " +
                          std::to_string(VitalStateData.V) + " Vprog = " +
                          std::to_string(VitalStateData.Vprog) + ", moving to
                          other host" RESET_FONT);
                    reallocate();
                    moved = true;
                }
            }
        }
    } pt_getVitalState;

    Agent_Interface(const char *name) : Service(name) {
        AGENT_LOG("initializing");
        addRequirement(&req);
        PeriodicTask::PeriodicTaskParam_t params;
        params.frequencyHz = 20;
        initializeTask(&pt_getVitalState, params);
        taskReadsFromRequirement(pt_getVitalState, req,
              &pt_getVitalState.h_req);
    }

    ~Agent_Interface() = default;

    bool onStartRequest() {
        AGENT_LOG("onStartRequest");
        return true;
    }

    bool onStopRequest() {
        AGENT_LOG("onStopRequest");
        return true;
    }

    void setMoveCallback(void (*cb)()) {
        pt_getVitalState.reallocate = cb;
    }

};
```

Code B.2: agent_interface.hpp

B.3 hw_monitor.hpp

Der `HW_Monitor` ist ein ASOA-Dienst und enthält das in Kapitel 4.1 beschriebene Temperaturmodell. Er überwacht die CPU-Temperatur und bietet als `Guarantee` den `VitalState` des Hosts an. Dieser kann vom `Agent_Interface` abonniert werden. Da der `HW_Monitor` eine lokale Funktionalität ausführt, ist er keinem Agenten zugeordnet und wird auch bei drohendem Ausfall nicht migriert.

```
#pragma once

#include <asoa/core/service.hpp>
#include <health.hpp>
#include <host.hpp>
#include <logging.hpp>
#include <iomanip>

#define AGENT_LOG(...) COUT_LOG(__VA_ARGS__)

double T; // global, da zwei Tasks darauf zugreifen muessen

// Ausfall in x Sekunden simulieren
void failureSimulation(int delay){
    std::string cmd = "sleep " + std::to_string(delay)
        + "; pkill controller; pkill hw_monitor; echo " + BOLD RED
        + "HARDWARE FAILURE! MALFUNCTION IN ACTIVE COOLING! "
        + RESET_FONT + " &";
    system(cmd.c_str());
}

class HW_Monitor : public Service {
public:

    static class : public Guarantee<VitalState>{} gua_VitalState_;

    class : public PeriodicTask {
    private:
        VitalState::Data VitalStateData;
        const double T0 = 20.75;
        double cpuLoad = 0.0;
        double Gth = 0.0;
        double DT = 0.0;
        double T_ = 0.0;
        double Tmax = 0.0;
        double P = 2.5;

        double V = 1.0;
        double Vprog = 1.0;
```

```
    double getP(double cpuLoad){
        const double P0 = 2.5; // Ruheleistung CPU
        const double Pvar = 0.5; // variable Leistung der CPU
        return P0 + Pvar * cpuLoad;
    }

    double getGth(double DT, double T_, double P) {
        const double Cth = 40.0;
        double res = (P - (T_ * Cth)) / DT;
        return res;
    }

    double getTmax(double T0, double Gth, double P) {
        return T0 + (P/Gth);
    }

    double getT_(double T_in) {
        static std::vector<double> v;
        const int v_max = 10;
        v.insert(v.begin(), T_in);
        if (v.size() > v_max) v.pop_back(); else return 0.0;
        return (v.front() - v.back())/(v_max-1);
    }

    static double vT(double T){
        const double T_err_max = 40.0;
        const double T_warn_max = 35.0;
        const double T_warn_min = 5.0;
        const double T_err_min = 3.0;
        if (T < T_err_min) {
            return 0.0;
        } else if (T < T_warn_min) {
            return (T - T_err_min)/(T_warn_min - T_err_min);
        } else if (T < T_warn_max) {
            return 1.0;
        } else if (T < T_err_max) {
            return (T_err_max - T)/(T_err_max - T_warn_max);
        } else {
            return 0.0;
        }
    }

    static double vCPU(double load){
        const double load_err = 0.95;
        const double load_warn = 0.8;
        if (load < 0.0 || load > 1.0) {
            std::cout << "illegal value!" << std::endl;
            return 0.0;
        }
        if (load < load_warn) {
            return 1.0;
        } else if (load < load_err) {
            return (load - load_warn)/(load_err - load_warn);
```

```
            } else {
                return 0.0;
            }
        }

        std::vector<double *> Psi = {&T, &cpuLoad};
        std::vector<double *> PsiProg = {&Tmax, &cpuLoad};
        std::vector<double (*)(double in)> v = {vT, vCPU};

        double getV(std::vector<double *> PsiIn){
            double res = 1.0;
            for (int i=0; i<PsiIn.size(); i++) {
                res *= v[i](*PsiIn[i]);
            }
            return res;
        }

        void printStatus() {
            std::cout
            << "L = " << std::fixed << std::setprecision(1) << std::setw(4) <<
                  cpuLoad * 100.0 << " % "
            << "T = " << std::fixed << std::setprecision(2) << std::setw(5) <<
                  T << " C "
            << "T' = " << std::fixed << std::setprecision(1) << std::setw(5) <<
                  T_ * 1000.0 << " mK/s "
            << "Gth = " << std::fixed << std::setprecision(0) << std::setw(4) <<
                  Gth * 1000.0 << " mW/K "
            << "Tmax = " << std::fixed << std::setprecision(2) << std::setw(5)
                  << Tmax << " C "
            << "V = " << std::fixed << std::setprecision(2) << std::setw(3) <<
                  V << " "
            << "Vprog = " << std::fixed << std::setprecision(2) << std::setw(3)
                  << Vprog;
            std::cout << std::endl;
        }

    public:

        void onWork() {
            T_ = getT_(T);
            cpuLoad = getCPULoad();
            P = getP(cpuLoad);
            Gth = getGth(T-T0, T_, P);
            Tmax = getTmax(T0, Gth, P);
            V = getV(Psi);
            Vprog = getV(PsiProg);
            VitalStateData.V = V;
            VitalStateData.Vprog = Vprog;
            printStatus();
            gua_VitalState_.sendData(VitalStateData);
            if (Vprog < 1.0) {
                failureSimulation(3);
            }
```

```
        }

    } send_task_;

    class : public PeriodicTask {
    private:

        double PT1Filter(double in){
            static int i = 1;
            static double x = 0.0;
            const double fmin = 0.0005;
            double f = 1/i;
            if (f<fmin) f=fmin;
            x = x*(1-f) + in*f;
            i++;
            return x;
        }

    public:

        void onWork() {
            T = PT1Filter(getTemp());
        }

    } read_task_;

    HW_Monitor(const char *name) : Service(name) {
        std::string hostname = gethostname();
        AGENT_LOG("initializing");
        addGuarantee(&gua_VitalState_);
        PeriodicTask::PeriodicTaskParam_t send_task_parameter;
        send_task_parameter.frequencyHz = 1;
        send_task_parameter.start_ref = asoa::OS::time::getTime();
        taskWritesGuarantee(send_task_, gua_VitalState_);
        initializeTask(&send_task_, send_task_parameter);
        PeriodicTask::PeriodicTaskParam_t read_task_parameter;
        read_task_parameter.frequencyHz = 2000;
        read_task_parameter.start_ref = asoa::OS::time::getTime();
        initializeTask(&read_task_, read_task_parameter);
    }

    ~HW_Monitor() = default;

    bool onStartRequest() {
        AGENT_LOG("onStartRequest");
        return true;
    }

    bool onStopRequest() {
        AGENT_LOG("onStopRequest");
        return true;
    }
```

```
};

decltype(HW_Monitor::gua_VitalState_) HW_Monitor::gua_VitalState_;
```

Code B.3: hw_monitor.hpp

B.4 hw_monitor.cpp

Im folgenden Code wird der `HW_Monitor` instanziiert, sodass er als ausführbare Datei kompiliert werden kann.

```
#define LOGNAME "Mon_"

#include <agent.hpp>
#include <hw_monitor.hpp>

int main() {
    AGENT_LOG("initializing Monitor Service");
    runtime *r = new runtime();
    Service *s = new HW_Monitor("HW_Monitor");
    r->publish(s);
    r->run();
    while(true) sleep(1);
    return 0;
}
```

Code B.4: hw_monitor.cpp

B.5 sender.hpp

Der `Sender` erzeugt einen fortlaufenden Datenstrom aufsteigender Zahlenwerte. Diese werden alle 100 ms in Form einer `Guarantee<Sensor_Data>` dem ASOA-Verbund bereitgestellt und können vom `Controller` abonniert werden.

```
#pragma once

#include <asoa/core/service.hpp>
#include <sensor_data.hpp>
#include <health.hpp>
#include <host.hpp>
```

```cpp
#include <time.hpp>
#include <logging.hpp>

class Sender : public Service {
public:

    static class : public Guarantee<Sensor_Data>{} gua_Sensor_Data_;

    class : public PeriodicTask {
    private:
        Sensor_Data::Data sensor_data;
    public:

        void onWork() {
            sensor_data.seqID++;
            sensor_data.foo++;
            static int64_t t_ = 0;
            int64_t t = getTimeInUs();
            AGENT_LOG( std::to_string(sensor_data.seqID) + " " +
                    intToStringWithFixedWidth(t, 10) );
            t_ = t;
            gua_Sensor_Data_.sendData(sensor_data);
        }

    } pt;

    Sender(const char *name) : Service(name) {
        AGENT_LOG("initializing");
        addGuarantee(&gua_Sensor_Data_);
        PeriodicTask::PeriodicTaskParam_t pt_parameter;
        pt_parameter.frequencyHz = 10;
        pt_parameter.start_ref = asoa::OS::time::getTime();
        taskWritesGuarantee(pt, gua_Sensor_Data_);
        initializeTask(&pt, pt_parameter);
    }

    ~Sender() = default;

    bool onStartRequest() {
        AGENT_LOG("onStartRequest");
        return true;
    }

    bool onStopRequest() {
        AGENT_LOG("onStopRequest");
        return true;
    }

};

decltype(Sender::gua_Sensor_Data_) Sender::gua_Sensor_Data_;
```

Code B.5: sender.hpp

B.6 sender.cpp

Im folgenden Code wird der `Sender` instanziiert, sodass er als ausführbare Datei kompiliert werden kann.

```
#define LOGNAME "Sen_"

#include <agent.hpp>
#include <sender.hpp>

int main() {
    setRTPrio(1);
    // std::cout << BOLD RED << "A "; timestep(); std::cout << RESET_FONT;
    Agent<Sender> a;
    // std::cout << BOLD RED << "B "; timestep(); std::cout << RESET_FONT;
    a.activate();
    // std::cout << BOLD RED << "C "; timestep(); std::cout << RESET_FONT;
    sleep(60);
    // moveToHost(getRemoteIP());
    // std::cout << BOLD RED << "D "; timestep(); std::cout << RESET_FONT;
    // sleep(10);
    return 0;
}
```

Code B.6: sender.cpp

B.7 controller.hpp

Der `Controller` bildet das Kommunikationsverhalten eines möglichen Steuerungsdienstes nach. Er abonniert die simulierten Sensordaten des `Senders` und schickt sie nach Empfang sofort an den `Receiver` weiter. Diesem `Controller`-Dienst wird ein `Agent` zugeordnet. An ihm wird der proaktive Migrationsprozess demonstriert.

```
#pragma once

#include <asoa/core/service.hpp>
#include <sensor_data.hpp>
#include <control_data.hpp>
#include <health.hpp>
#include <host.hpp>
#include <time.hpp>
#include <logging.hpp>
```

```
class Controller : public Service {
public:

    class req : public Requirement<Sensor_Data> {
        bool parameterFilter(const Sensor_Data::Parameter *param) { return true; }
    } req;

    static class : public Guarantee<Control_Data>{} gua_Control_Data_;

    class : public ConditionalTask {
    public:
        Sensor_Data::Data sensor_data;
        Requirement<Sensor_Data>::AccessHandle *h_req;
        Control_Data::Data control_data;

        void onWork() {
            if(h_req->pullData(sensor_data)){
                static int64_t t_ = 0;
                int64_t t = getTimeInUs();
                control_data.seqID = sensor_data.seqID;
                // control_data.foo = sensor_data.foo + 1000;
                AGENT_LOG( std::to_string(sensor_data.seqID) + " " + intToStringWithFixedWidth(t, 10) );
                t_ = t;
                gua_Control_Data_.sendData(control_data);
            }
        }

    } pt;

    Controller(const char *name) : Service(name) {
        AGENT_LOG("initializing");
        addRequirement(&req);
        addGuarantee(&gua_Control_Data_);
        ConditionalTask::ConditionalTaskParam_t pt_parameter;
        // pt_parameter.frequencyHz = 100;
        // pt_parameter.start_ref = asoa::OS::time::getTime();
        taskReadsFromRequirement(pt, req, &pt.h_req);
        taskWritesGuarantee(pt, gua_Control_Data_);
        taskAddDataTrigger(pt, req, pt.h_req); // Nur fuer Conditional Tasks
        initializeTask(&pt, pt_parameter);
    }

    ~Controller() = default;

    bool onStartRequest() {
        AGENT_LOG("onStartRequest");
        return true;
    }

    bool onStopRequest() {
        AGENT_LOG("onStopRequest");
```

```
            return true;
        }

    };

    decltype(Controller::gua_Control_Data_) Controller::gua_Control_Data_;
```

Code B.7: controller.hpp

B.8 controller.cpp

Im folgenden Code wird der `Controller` instanziiert, sodass er als ausführbare Datei kompiliert werden kann.

```
#define LOGNAME "Ctrl_"

#include <agent.hpp>
#include <controller.hpp>
#include <sys/resource.h>

int main() {
    setRTPrio(0);
    AGENT_LOG( "init " + intToStringWithFixedWidth(getTimeInUs(), 10) );
    Agent<Controller> a;
    a.activate();
    sleep(10);
    AGENT_LOG( "migration_start " + intToStringWithFixedWidth(getTimeInUs(),
        10) );
    moveToHost(getRemoteIP());
    AGENT_LOG( "migration_end " + intToStringWithFixedWidth(getTimeInUs(), 10) )
    sleep(3);
    AGENT_LOG( "exit " + intToStringWithFixedWidth(getTimeInUs(), 10) );
    return 0;
}
```

Code B.8: controller.cpp

B.9 receiver.hpp

Der `Receiver` bildet einen möglichen Aktuator nach, indem er den Datenstrom des `Controllers` entgegennimmt. Anhand des `Receivers` wird der nahtlose

Failover-Prozess demonstriert. Dieser findet in der ASOA-Klasse `Requirement` statt.

```
#pragma once

#include <asoa/core/service.hpp>
#include <control_data.hpp>
#include <host.hpp>
#include <logging.hpp>
#include <time.hpp>

class Receiver : public Service {
public:

    class req : public Requirement<Control_Data> {
        bool parameterFilter(const Control_Data::Parameter *param) { return true; }
    } req;

    class : public PeriodicTask {
    public:
        Control_Data::Data control_data;
        Requirement<Control_Data>::AccessHandle *h_req;
        int prevSeqID = -1;
        void onWork() {
            while(h_req->hasData()){
                h_req->pullData(control_data);
                if (control_data.seqID > prevSeqID){
                    static int64_t t_ = 0;
                    int64_t t = getTimeInUs();
                    AGENT_LOG( std::to_string(control_data.seqID) + " " + intToStringWithFixedWidth(t, 10) );
                    t_ = t;
                }
                prevSeqID = control_data.seqID;
            }
        }
    } pt;

    Receiver(const char *name) : Service(name) {
        AGENT_LOG("initializing Receiver");
        addRequirement(&req);
        PeriodicTask::PeriodicTaskParam_t params;
        params.frequencyHz = 1000;
        initializeTask(&pt, params);
        taskReadsFromRequirement(pt, req, &pt.h_req);
    }

    ~Receiver() = default;

    bool onStartRequest() {
        AGENT_LOG( "onStartRequest" );
        return true;
```

```
    }

    bool onStopRequest() {
        AGENT_LOG( "onStopRequest" );
        return true;
    }
};
```

Code B.9: receiver.hpp

B.10 receiver.cpp

Im folgenden Code wird der `Receiver` instanziiert, sodass er als ausführbare Datei kompiliert werden kann.

```
#define LOGNAME "Rec_"

#include <agent.hpp>
#include <receiver.hpp>
#include <sys/resource.h>

int main() {
    setRTPrio(0);
    Agent<Receiver> a;
    a.addMonitor();
    a.activate();
    sleep(60);
    return 0;
}
```

Code B.10: receiver.cpp

MIX
Papier aus verantwortungsvollen Quellen
Paper from responsible sources
FSC® C105338

If you have any concerns about our products,
you can contact us on
ProductSafety@springernature.com

In case Publisher is established outside the EU,
the EU authorized representative is:
Springer Nature Customer Service Center GmbH
Europaplatz 3, 69115 Heidelberg, Germany

Printed by Libri Plureos GmbH
in Hamburg, Germany